稀疏表示理论及其在图像处理中的应用

徐冰心　周秀玲　著

電子工業出版社
Publishing House of Electronics Industry
北京 • BEIJING

内 容 简 介

近几年，稀疏表示理论在理论研究和实际应用中都受到了广大学者的关注，尤其在图像处理、计算机视觉和模式识别等领域，许多关于稀疏表示的算法和应用被提出来。

本书从稀疏约束的角度全面分析了目前关于稀疏表示理论的研究内容。在实际应用中，不同的稀疏约束表达形式的作用是不同的。本书内容主要分为两大部分，一部分是稀疏表示的理论介绍，另一部分是稀疏表示在图像处理领域中的应用，在全面理论分析的基础上，详细介绍稀疏表示理论的最新应用。本书为相关研究人员提供快速入门的理论，同时也帮助深入研究的相关人员扩展思路。

本书可供从事信号与信息处理、信号表示、非平稳信号分析等方面工作的科研人员和研究生学习。

图书在版编目（CIP）数据

稀疏表示理论及其在图像处理中的应用 / 徐冰心，周秀玲著. —北京：电子工业出版社，2019.6
ISBN 978-7-121-36526-3

Ⅰ. ①稀…　Ⅱ. ①徐…　②周…　Ⅲ. ①稀疏矩阵－应用－图象处理　Ⅳ. ①O151.21②TN911.73

中国版本图书馆 CIP 数据核字（2019）第 092087 号

责任编辑：许存权　　文字编辑：宁浩洛
印　　刷：北京虎彩文化传播有限公司
装　　订：北京虎彩文化传播有限公司
出版发行：电子工业出版社
　　　　　北京市海淀区万寿路 173 信箱　邮编 100036
开　　本：720×1 000　1/16　印张：10.25　字数：230 千字
版　　次：2019 年 6 月第 1 版
印　　次：2023 年 9 月第 2 次印刷
定　　价：79.00 元

凡所购买电子工业出版社图书有缺损问题，请向购买书店调换。若书店售缺，请与本社发行部联系，联系及邮购电话：（010）88254888，88258888。

质量投诉请发邮件至 zlts@phei.com.cn，盗版侵权举报请发邮件至 dbqq@phei.com.cn。

本书咨询联系方式：（010）88254484，xucq@phei.com.cn。

前　言

信号和信息处理一直是学术界研究的一个重要领域。从信号的采集到信号的表示及应用，处理方法层出不穷。其中，关于信号稀疏性的研究一直受到研究人员的关注。稀疏表示理论以其简洁的描述和扎实的数学理论基础，在图像处理等领域成为研究热点。

全书内容主要分为两大部分，一部分是稀疏表示的理论介绍（第 1 章～第 5 章），另一部分是稀疏表示在图像处理领域中的应用（第 6 章～第 12 章）。除第 1 章引言外，其余章节内容安排如下。

第 2 章从压缩感知理论入手，介绍了稀疏表示理论的背景知识和数学描述，总结了常用的稀疏约束表示形式及每种约束形式的特点，为后面章节的介绍奠定了理论基础。

第 3 章主要介绍了求解稀疏表示优化算法中的贪心算法，重点介绍了基于匹配追踪的优化方法及其改进方法——正交匹配追踪算法。

第 4 章主要介绍了求解稀疏表示优化算法中的约束优化方法，具体包括梯度投影算法、内点法及交替方向法。

第 5 章主要介绍了稀疏表示理论中的关键问题之一——字典学习问题。从字典学习问题的数学描述着手，介绍了常用的无监督字典学习方法，以及不同学习方法的优缺点和应用领域。

第 6 章主要介绍了稀疏表示理论在图像分类中的应用问题。从图像分类的实际问题出发，解释了如何将稀疏表示理论用于解决分类问题，以及其中面临的关键问题，具体包括字典的构造问题和正则化项的设计问题。

第 7 章介绍了一种用于稀疏表示分类模型的自适应正则化参数学习方法。重点分析了正则化参数的设置对于分类模型的影响，从而提出了一种基于重构误差的自适应参数学习方法，并通过实验结果对算法的性能进行了验证。

第 8 章介绍了一种结合聚类分析和 Fisher 判别准则的有监督字典学习方法，用于稀疏表示分类模型的字典构造。该算法充分考虑了样本的类别信息，保证了不同类别样本在字典上的线性表示系数具有最小类内散度和最大类间散度，增强了线性系数的判别能力。

第 9 章介绍了组稀疏表示分类模型的数学描述，并在此基础上提出了一种基于核方法的加权组稀疏表示分类方法。该方法利用核函数可以作为核空间中两个样本的相似性度量的原理，将原始特征空间的样本做了特征变换，并且依据样本的相似程度自适应地确定字典和分组情况。最后通过一系列的实验分析验证了算法的性能。

第 10 章主要介绍了一种基于重叠子字典的稀疏表示分类方法，提出了一种新的稀疏约束的表示形式，综合分析了分类问题和稀疏约束形式之间的关系，通过对重构误差构成的向量的稀疏性进行约束，间接地达到了对系数向量进行稀疏性约束的目的，从而使得基于稀疏表示的分类模型取得了更高的分类正确率。

第 11 章介绍了稀疏表示理论在图像复原问题中的应用。图像复原问题是一类典型的不适定问题，而稀疏表示理论以其在图像信号表示中的良好性质，可以成功应用于解决图像复原问题。

第 12 章主要介绍了稀疏表示理论与当前的研究热点——深度学习之间的关系和结合方法，重点介绍了深度学习方法在特征学习上的成功应用，可以将其用于稀疏表示分类模型中，以得到表示能力和抽象能力更强的字典原子。

本书的出版得到了北京市自然科学基金项目（No.4184088 和 No.4162027）和北京市教育委员会一般项目“智能交通感知中运动模糊图像复原方法研究”的资助，在此一并感谢。

作者编写本书的目的是希望与同领域的研究学者分享研究成果，作者自觉才疏学浅，书中一定会有不严谨、不准确甚至谬误之处，敬请读者不吝指教。说明：本书涉及图像大小的单位均为像素，为了行文的易读性和连贯性，正文中将该单位省略。书中表格内的加粗数据为相对较好的实验结果。

作　者

目　　录

第 1 章　引　　言

1.1　背景与意义

稀疏表示理论是近二十年来信号处理领域一个非常引人关注的研究内容，众多研究论文和专题研讨会表明了该领域的蓬勃发展。信号稀疏表示的目的就是在给定的超完备字典中用尽可能少的原子来表示信号，可以获得信号更为简洁的表示方式，从而使我们更容易地获取信号中所蕴含的信息，方便进一步对信号进行加工处理。

图像信号本质上可以看作关于一组基向量的稀疏表示，而稀疏表示是获得、表示和压缩图像信号的一种强有力的工具。事实上，稀疏表示的概念由来已久，最初是由神经学家、生物学家通过观察哺乳动物主视皮层 V1 区神经元感受野的反应而提出的。之后，在 1996 年，文献[1]首次将稀疏性作为正则化项加入求解最小二乘问题中，得到了具有方向特性的图像块，从而很好地解释了生物学家观察到的初级视皮层的工作机理。在同一时期，著名的 LASSO（Least Absolute Shrinkage and Selection Operator[2]）算法被提出，其中明确提出了使用 l_1 范数作为正则化项来约束线性表示问题。但是在当时，大家并没有意识到 l_1 范数与稀疏性之间的关系。此后，随着求解最小化 l_1 范数的高效算法不断涌现，稀疏表示理论开始被广泛地应用于信号采集、信号表示以及信号压缩等方面。随着研究的深入，稀疏表示理论在图像处理、模式识别，以及当下流行的深度学习领域都有着广泛的应用。

1.2　线性表示

线性表示是一种重要的表达形式，指线性空间中的一个元素可通过另一组元素的线性运算来表示。零向量可由任一组向量线性表示[3]。

设向量组 $\boldsymbol{A}$：$\boldsymbol{x}_1$, $\boldsymbol{x}_2$, …, $\boldsymbol{x}_n$ 是线性空间 $\boldsymbol{V}$ 中的有限个向量，向量 $\boldsymbol{x}\in\boldsymbol{V}$，如果存在一组数 λ_1, λ_2, …, λ_n 使得

$$\boldsymbol{x}=\lambda_1\boldsymbol{x}_1+\lambda_2\boldsymbol{x}_2+\cdots+\lambda_n\boldsymbol{x}_n=\sum_{i=1}^{n}\lambda_i\boldsymbol{x}_i \tag{1-1}$$

则称向量 $\boldsymbol{x}$ 可由向量 $\boldsymbol{x}_1, \boldsymbol{x}_2, \cdots, \boldsymbol{x}_n$ 线性表示，或者向量 $\boldsymbol{x}$ 是向量 $\boldsymbol{x}_1, \boldsymbol{x}_2, \cdots, \boldsymbol{x}_n$ 的线性组合。将式（1-1）写成方程组形式：

$$(\boldsymbol{x}_1, \boldsymbol{x}_2, \cdots, \boldsymbol{x}_n)\begin{pmatrix}\lambda_1\\ \lambda_2\\ \cdots\\ \lambda_n\end{pmatrix} = \boldsymbol{x} \tag{1-2}$$

即将线性表示问题转换为求解线性方程组 $\boldsymbol{A\lambda}=\boldsymbol{x}$ 的问题，其中$\boldsymbol{\lambda}=[\lambda_1, \lambda_2, \cdots, \lambda_n]^{\mathrm{T}}$ 称为线性表示系数向量。当方程组有唯一解时，则表示式唯一；有无穷解时，则表示式有无穷多种。根据线性方程组有解的判别定理可知，n 元线性方程组 $\boldsymbol{A\lambda}=\boldsymbol{x}$

① 无解的充分必要条件是秩 $R(\boldsymbol{A})<R(\boldsymbol{A}, \boldsymbol{x})$；

② 有唯一解的充分必要条件是 $R(\boldsymbol{A})=R(\boldsymbol{A}, \boldsymbol{x})=n$；

③ 有无穷多解的充分必要条件是 $R(\boldsymbol{A})=R(\boldsymbol{A}, \boldsymbol{x})<n$。

1.3 欠定线性表示

当线性方程组中方程个数小于未知量个数时，即对于方程组 $\boldsymbol{Ra}=\boldsymbol{y}$，$\boldsymbol{R}$ 为 $m\times n$ 矩阵且 $m<n$ 时，根据线性方程组有解的判别定理可知，该方程组有无穷多解，此时称方程组为欠定线性表示。

在实际应用中，经常会遇到求解欠定线性方程组的问题。例如图像处理领域中的图像复原问题。一幅未知的原始图像 $\boldsymbol{a}$ 经过模糊和下采样后，将得到一幅退化的实际图像 $\boldsymbol{y}$。矩阵 $\boldsymbol{R}$ 代表某些退化操作，比如模糊或者下采样。实际需要解决的问题就是从实际图像 $\boldsymbol{y}$ 中重构出原始图像 $\boldsymbol{a}$。显然，观测的实际图像 $\boldsymbol{y}$ 能够重构出无穷多个原始图像 $\boldsymbol{a}$，这就是一个典型的欠定问题。

1.4 正则化技术

从数学角度来分析，求解一个欠定线性方程组，属于不适定问题研究范畴，解决这类问题通常需要引入正则化技术。

1.4.1 不适定问题

设算子 $\boldsymbol{A}$ 将 $\boldsymbol{x}\in \boldsymbol{X}$ 映射为 $\boldsymbol{p}\in \boldsymbol{P}$，$\boldsymbol{X}$ 与 $\boldsymbol{P}$ 分别为某类赋范空间，记为

$$\boldsymbol{Ax} = \boldsymbol{p} \tag{1-3}$$

在经典意义下求解式（1-3），就存在下述问题：

（1）式（1-3）的解是否存在。

（2）式（1-3）式的解如果存在，是否唯一。

（3）式（1-3）的解是否稳定或者说算子$\boldsymbol{A}$是否连续：对于右端的$\boldsymbol{p}$在某种意义下做微小的变动时，相应的解是不是也只做微小的变动。

只要上述问题中有一个是否定的，则称式（1-3）的解是不适定的。

1.4.2 正则化技术的引入

设算子$\boldsymbol{A}$将$\boldsymbol{x}\in\boldsymbol{X}$映射为$\boldsymbol{p}\in\boldsymbol{P}$，$\boldsymbol{X}$与$\boldsymbol{P}$分别为某类赋范空间，二者满足式（1-3）。设$\boldsymbol{A}$的逆算子$\boldsymbol{A}^{-1}$不连续，并假定当右端精确值为$\boldsymbol{p}_r$时，得到经典意义下的解为$\boldsymbol{x}_r$，即满足

$$\boldsymbol{A}\boldsymbol{x}_r=\boldsymbol{p}_r \tag{1-4}$$

现在的问题是，如果$\boldsymbol{p}_r$受到扰动后变为$\boldsymbol{p}_\delta$，且二者满足关系

$$\|\boldsymbol{p}_\delta-\boldsymbol{p}_r\|\leqslant\delta \tag{1-5}$$

其中，$\|\cdot\|$为某范数。则由于$\boldsymbol{A}^{-1}$的不连续性，我们显然不能定义$\boldsymbol{p}_r$对应的解为

$$\boldsymbol{x}_\delta=\boldsymbol{A}^{-1}\boldsymbol{p}_\delta \tag{1-6}$$

因此，必须修改该逆算子的定义。

定义：设算子$R(\boldsymbol{p},\alpha)$将$\boldsymbol{p}$映射成$\boldsymbol{x}$，且依赖一个参数α，并具有如下性质：

（1）存在正数$\delta_1>0$，使得对于任意$\alpha>0$，以及$\boldsymbol{p}_r$的$\delta(\delta\leqslant\delta_1)$邻域中的$\boldsymbol{p}$，满足

$$\|\boldsymbol{p}_r-\boldsymbol{p}\|\leqslant\delta,\quad 0<\delta\leqslant\delta_1 \tag{1-7}$$

算子R有定义。

（2）若对任意的$\varepsilon>0$，都存在$\delta\in(0,\delta_1)$及依赖于δ的参数$\alpha=\alpha(\delta)$，使得算子$R(\boldsymbol{p},\alpha)$映$\boldsymbol{p}_r$的δ邻域到$\boldsymbol{x}_r$的ε领域内，即

$$R(\boldsymbol{p},\alpha(\delta))=\boldsymbol{x}_\delta,\quad \|\boldsymbol{x}_\delta-\boldsymbol{x}_r\|\leqslant\varepsilon \tag{1-8}$$

则称$R(\boldsymbol{p},\alpha)$为式（1-8）中A的正则逆算子；$\boldsymbol{x}_\delta$称为式（1-8）的正则解，当$\delta\to0$时，正则解可以逼近我们所要求的精确解；α称为正则化参数。这样的求解方法就称为正则化方法。

1.4.3 正则化参数

正则化参数的作用是调节拟合项和正则化项之间的平衡关系，所以正则化参数的选择对模型的表示能力有非常重要的影响。如果α太小，则对问题的谱的改善没有起到什么作用，即解的不稳定性仍然存在；如果α太大，所得到的新问题

可以稳定地求解了，但该问题已经与原问题相去甚远，是一个相当糟糕的逼近，所求的根本不是原来问题的解了。最优的正则化参数选取应当兼顾这两种情况。

正则化参数的确定，目前使用较为广泛的是 L-曲线法和交叉检验法等传统方法。L-曲线法是通过计算出 L-曲线及曲线上点的曲率，选取曲率中最大的点所对应的 L 值作为正则化参数值的，这种方法在数据集较大时计算工作量非常大[4]。交叉检验方法是数理统计中广泛使用的工具，其基本思想是把数据分成 M 组，交叉使用训练集和检验集，这样可以把所有的数据集都用作参数估计和检验。但是，交叉检验方法的计算工作量也是非常大的[5]。所以，如何快速地确定正则化参数的大小，并使其在模型表示中发挥重要作用仍然是需要研究的问题。

1.5 稀疏线性表示

顾名思义，稀疏线性表示就是在线性表示模型中加入对系数向量稀疏性的限制，即用少量的已知样本就能够对特定的样本进行线性表示。尽管稀疏性的概念很早就有人提出来了，但是直到 2005 年，一系列完善的关于稀疏表示理论证明的出现[6-8]，才使得稀疏线性表示成为统计信号处理领域的研究热点。对于稀疏线性表示问题的研究，可以概括为两个具体的问题，即字典的构造和求解线性系数的优化方法。在早期的字典构造中，人们通常选择的是没有任何语义信息的标准基向量，例如傅里叶基（Fourier）、小波基（Wavelet）、Gabor 基等，甚至可以是由随机矩阵[8]产生的。但是，稀疏线性表示却有一种与生俱来的判别能力，它能够在字典的众多的基向量中自动地选择很少的一部分用于对输入信号进行表示，而去除了其他大部分无关的冗余信息。正是这种特性，使其在信号处理领域得到了广泛的应用。

1.6 本书的内容和结构安排

本书后面各章的内容组织如下。

第 2 章介绍稀疏表示理论的问题描述和表示方法，是稀疏表示模型的理论介绍。

第 3 章介绍基于贪心算法的稀疏表示模型的优化方法。主要包括贪心算法的基本思想、匹配追踪算法求解稀疏系数，以及在其基础上改进的正交匹配追踪算法和其他匹配追踪算法的改进。

第 4 章介绍基于约束优化的稀疏表示模型的优化方法。主要介绍了基于梯度映射的求解算法，内点法以及交替方向法。

第 5 章详细介绍了稀疏表示模型中的一类重要问题——字典学习。主要介绍了常见的无监督字典学习方法及每种方法的优缺点。

第 6 章详细介绍了稀疏表示在图像分类中的应用，包括数学描述和分类模型的介绍，以及将稀疏表示用于解决分类问题需要解决的几个关键问题。

第 7 章通过分析正则化参数对于稀疏表示分类模型的影响，提出了一种自适应的正则化参数学习方法，并通过实验进行了验证。

第 8 章基于稀疏表示字典学习中的有监督字典学习方法，提出了一种结合聚类分析和 Fisher 判别准则的有监督字典学习方法，并将其用于稀疏表示分类模型。

第 9 章提出了基于核方法的加权组稀疏表示方法用于解决图像分类问题。

第 10 章详细分析了在稀疏表示模式分类模型中样本与字典的表示关系，并提出了基于重叠子字典的稀疏表示分类方法，通过实验验证了方法的有效性。

第 11 章介绍了稀疏表示模型在图像复原领域中的应用方法，并提出了一种基于混合矩阵正态分布的复原方法，从理论上分析了其与稀疏表示模型的关系。

第 12 章介绍了稀疏表示模型与深度学习框架相结合，尤其在基于深度神经网络的特征表示和深度字典学习方面能够引申出的新方法。

参 考 文 献

[1] Olshausen B A , Field D J . Emergence of simple-cell receptive field properties by learning a sparse code for natural images[J]. Nature (London), 1996, 381(6583):607-609.

[2] Tibshirani R . Regression Shrinkage and Selection Via the Lasso[J]. Journal of the Royal Statistical Society Series B (Methodological), 1996, 58(1):267-288.

[3] 《数学辞海》编辑委员会. 数学辞海 · 第三卷[M].中国科学技术出版社，2002.

[4] Miller, Keith. Least Squares Methods for Ill-Posed Problems with a Prescribed Bound[J]. Siam Journal on Mathematical Analysis, 1970, 1(1):52-74.

[5] Golub G H, Heath M, Wahba G. Generalized Cross-Validation as a Method for Choosing a Good Ridge Parameter[J]. Technometrics, 1979, 21(2):215-223.

[6] Donoho D. For Most Large Underdetermined Systems of Linear Equations the

Minimal l_1-norm Solution is also the Sparsest Solution[J]. Communications on Pure and Applied Mathematics, 2006, 59(6):797-829.

[7] Candes E , Romberg J , Tao T . Stable Signal Recovery from Incomplete and Inaccurate Measurements[J]. Communications on Pure & Applied Mathematics, 2005, 59(8):1207-1223.

[8] Candes E, Tao T. Near-Optimal Signal Recovery from Random Projections: Universal Encoding Strategies? [J]. IEEE Transactions on Information Theory, 2006, 52(12): 5406-5425.

第 2 章　稀疏表示理论

稀疏表示（Sparse Representation）又称为稀疏编码（Sparse Coding），最初起源于神经科学。1959 年，诺贝尔奖获得者 David H. Hubel 和 Torsten N. Wiesel[1]通过对猫的视觉条纹皮层简单细胞感受野的研究，发现主视皮层 V1 区神经元的感受野能对视觉感知信息产生一种“稀疏表示”，即不同的神经元只对某些特定的刺激进行反应，而稀疏表示的思想被引入信号处理领域则是最近二十年的事情。1996 年，康奈尔大学心理学院的教授 Bruno A. Olshausen 和 David J. Field[2]在 *Nature* 上发表论文，其研究表明自然图像经过稀疏编码后得到的基函数具有类似于 V1 区简单细胞感受野的特性。1997 年，他们又提出了一种超完备基的稀疏编码算法[3]，利用基函数和稀疏的概率密度模型成功地对 V1 区简单细胞感受野进行了建模。此后，随着压缩感知（Compress Sensing）理论[4,5]的提出，稀疏表示理论开始在机器学习和模式识别领域广受关注。

2.1　压缩感知

现代信号处理的一个关键基础是香农—奈奎斯特（Shannon-Nyquist）采样理论，即一个信号可以无失真重建所要求的离散样本数由其带宽决定，但是该采样理论是信号重建的一个充分非必要条件。压缩感知，也被称为压缩采样（Compressive Sampling）和稀疏采样（Sparse Sampling）[6]，作为一个新的采样理论，可以在远小于香农-奈奎斯特采样率的条件下获取信号的离散样本，保证信号的无失真重建。

压缩感知理论的核心思想主要包括两点。第一点是信号的稀疏结构。传统的信号表示方法只利用了最少的被采样信号的先验信息，即信号的带宽。但是，实际应用中信号本身具有一些结构特点，相对于带宽信息的自由度，这些结构特点是由信号的更小的一部分自由度所决定，也就是在信息损失很少的情况下，这种信号可以用更少的数字编码表示。所以，在这种意义上，这种信号是稀疏信号（或者近似稀疏信号、可压缩信号）。第二点是不相关性。稀疏信号的有用信息的获取可以通过一个非自适应的采样方法将信号压缩成较小的样本数据来完成。理论证明压缩感知的采样方法只是一个简单的将信号与一组确定的波形进行相关的操作。这些波形要求是与信号所在的稀疏空间不相关的。

压缩感知理论抛弃了当前信号采样中的冗余信息，直接从连续时间信号变换中得到压缩样本，然后在数字信号处理中采用优化方法进行重构。这里重构信号所需的优化方法用于求解一个已知信号稀疏的欠定线性表示问题。

2.2 稀疏表示

2.2.1 问题描述

设 $\boldsymbol{x}$ 是一个一维有限长的离散时间信号，可以用一个 $\mathbf{R}^N$ 空间中的 N 维列向量来表示。对于二维信号，例如大小为 $m\times n$ 的图像 $\boldsymbol{I}$，可以将其向量化后用一个$(m\times n)$维的列向量来表示。假设 $\boldsymbol{R}^N$ 空间内的任何信号都可以通过 $N\times M$ 维的基向量组 $\{\boldsymbol{\Psi}_i\}_{i=1}^M$ 来线性表示[7]。为了简化问题，我们假定基向量是规范正交的。所有的基向量按向量排列便构成了一个大小为 $N\times M$ 的基矩阵 $\boldsymbol{\Psi}=[\boldsymbol{\Psi}_1,\boldsymbol{\Psi}_2,\cdots,\boldsymbol{\Psi}_M]$，也被称为字典。此时，信号 $\boldsymbol{x}$ 就可以表示为如下形式[7]：

$$\boldsymbol{x}=\sum_{i=1}^{M} s_i\boldsymbol{\Psi}_i \ \text{ or } \ \boldsymbol{x}=\boldsymbol{\Psi s} \tag{2-1}$$

其中，$\boldsymbol{s}$ 是信号 $\boldsymbol{x}$ 在基矩阵 $\boldsymbol{\Psi}$ 上的投影系数组成的 M 维列向量。由此，$\boldsymbol{x}$ 和 $\boldsymbol{s}$ 是对同一个信号的等价表示，不同的是，$\boldsymbol{x}$ 是信号在时域上的表示，而 $\boldsymbol{s}$ 是信号在 $\boldsymbol{\Psi}$ 域上的表示。如果向量 $\boldsymbol{s}$ 只具有 K 个非零分量，$N-K$ 个零值分量，且 $K\ll N$，则表明信号 $\boldsymbol{s}$ 是稀疏的，通常称信号 $\boldsymbol{s}$ 是 K 阶稀疏信号。式（2-1）中，在观测信号 $\boldsymbol{x}$ 和字典 $\boldsymbol{\Psi}$ 都已知的情况下，求解信号 $\boldsymbol{s}$ 的问题就是一个求解线性方程组的问题。根据线性方程组有解的判定定理，解向量 $\boldsymbol{s}$ 有三种可能情况，分别为

（1）当 $M=N$ 时，基矩阵 $\boldsymbol{\Psi}$ 可逆，$\boldsymbol{s}$ 有确定的唯一解。

（2）当 $M>N$ 时，基矩阵 $\boldsymbol{\Psi}$ 中基向量之间存在线性相关性，此时，$\boldsymbol{s}$ 有无穷多个解。要使解向量 $\boldsymbol{s}$ 有确定的解，则必须加上额外的约束条件。

（3）当 $M<N$ 时，由于未知数个数小于方程数，此时，$\boldsymbol{s}$ 不存在。在这种情况下，只能利用逼近方法，求出信号 $\boldsymbol{s}$ 的近似解。

在信号表示时，人们总是希望能用一种稀疏表示的信号来代替原始信号，从而使其具备一些优良的性质。在实际应用中，稀疏表示的目的就是利用第（2）种解的情况，在给定的过完备字典中用尽可能少的原子来线性表示观测信号，以使信号能够具有一定的抗噪能力，降低信号处理的成本达到压缩的目的。文献[5]中给出了向量稀疏的数学定义：信号 $\boldsymbol{x}$ 在正交基 $\boldsymbol{\Psi}$ 下的变换系数 $\boldsymbol{s}=\boldsymbol{\Psi}^{\mathrm{T}}\boldsymbol{x}$，若存在 $0<p<2$ 和 $R>0$ 且满足：

$$\| \boldsymbol{s} \|_p \triangleq \left(\sum_i | s_i |^p \right)^{1/p} \leqslant R \tag{2-2}$$

则认为信号 $\boldsymbol{s}$ 在一定意义上是稀疏的。图 2-1 形象地描述了式（2-1）的含义，其中在信号 $\boldsymbol{s}$ 中，用灰色标注的分量表示为非零值，其余则为零值。

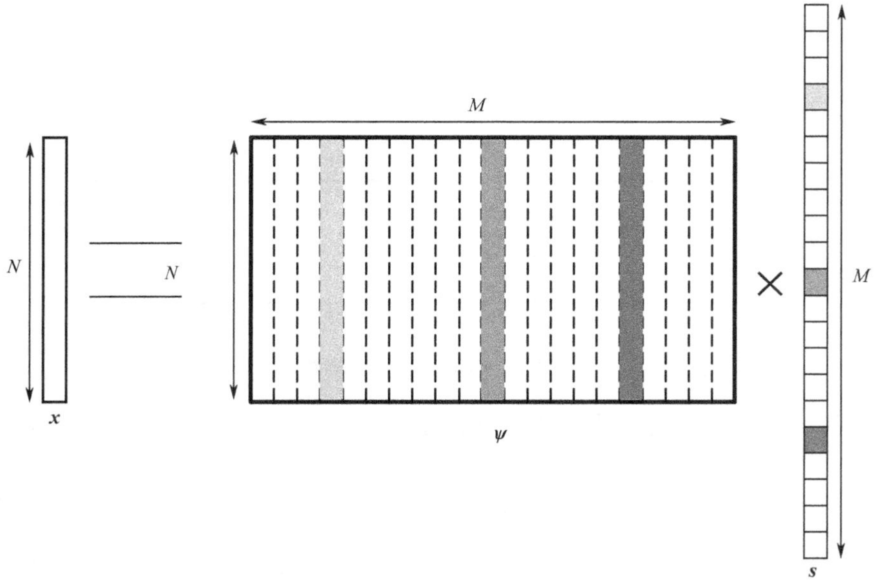

图 2-1　稀疏表示示意图

2.2.2　稀疏信号的重构

式（2-2）实际上是对向量 $\boldsymbol{s}$ 的 l_p 范数的定义。向量的范数可以简单形象地理解为向量的长度，或者向量到原点的距离。向量的范数定义其实是向量的函数。在式（2-2）中，当 p=0 时得到的是向量的 l_0 范数，一个向量的 l_0 范数等于这个向量中非零元的个数；当 p=1 时得到的是向量的 l_1 范数，也就是我们常说的曼哈顿距离（Manhattan distance[8]）定义，为向量各个分量元素的绝对值之和；当 p=2 时得到的是向量的 l_2 范数，即欧氏距离（Euclidean distance[9]），表示为向量各个分量元素平方和的 1/2 次方。图 2-2 给出了 p 取不同值时函数$\|x\|_p$在二维空间中的示意图。其中黑色实线表示当 p=0 时即 l_0 范数的结果，点画线表示 l_1 范数的结果。从图中可以看出，当 p 趋向于 0 时，曲线近似一个指标函数，即对于 x=0 时结果为 0，其他情况结果近似为 1。这也说明了为什么向量的 l_0 范数等于向量中所有元素的度量总和就成为对向量中非零元素的计数。

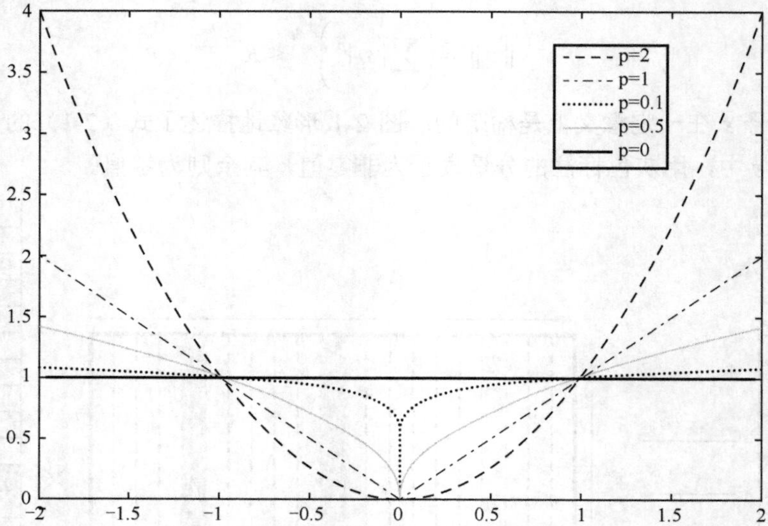

图 2-2　不同 p 值的 p 范数

所以，式（2-1）的求解线性方程组问题，可以转化为求解向量的最小 l_0 范数的优化问题，即

$$\hat{\boldsymbol{s}} = \arg\min_{\boldsymbol{s}}\{\| \boldsymbol{x} - \boldsymbol{\Psi s} \|_2 + \lambda \| \boldsymbol{s} \|_0\} \tag{2-3}$$

对于式（2-3）的求解问题，文献[10]中证明了仅需要 K+1 个满足独立同分布的高斯函数观测值就可以精确地恢复出原始的 K 阶稀疏信号。但遗憾的是，式（2-3）的求解问题是一个数值上不稳定的 NP 难问题，因为需要计算 $\boldsymbol{s}$ 中所有非零项所在的位置，这有 C_N^K 种可能[11]。下面一节将介绍几种常用的用于信号的重构稀疏约束表示形式。

2.2.3　稀疏表示形式

根据稀疏表示模型中采用的约束形式的不同，模型的表示能力与优化算法也不尽相同。具体可以分为：基于最小化 l_1 范数的稀疏表示、基于最小化 lp（$0<p<1$）范数的稀疏表示、基于最小化 l_2 范数的稀疏表示和基于最小化 $l_{1,2}$ 范数的稀疏表示（即组稀疏表示）。

1. 基于 l_1 范数的稀疏表示

将式（2-3）中 l_0 范数用 l_1 范数代替，求解式（2-3）的问题转化为

$$\hat{\boldsymbol{s}} = \arg\min_{\boldsymbol{s}}\{\| \boldsymbol{x} - \boldsymbol{\Psi s} \|_2 + \lambda \| \boldsymbol{s} \|_1\} \tag{2-4}$$

式（2-4）可以看作一个具有 l_1 范数正则化的最小二乘回归问题，这种回归模

型也叫作 LASSO（Least Absolute Shrinkage and Selection Operator）回归。l_1 范数既是凸函数，也是凹函数，处在一种临界状态，它的解也具有稀疏表示能力，常用来作为 l_0 范数的凸近似，代替 l_0 范数的求解结果。并且 Donoho[12]和 Candes[13]证明了在满足限制等距性质（Restricted Isometry Property，RIP）时，求解 l_0 范数与求解 l_1 范数的解是等价的。在实际应用中，通常会假设该条件是满足的，因此常常采用 l_1 范数作为稀疏表示的约束。

目标函数转化为式（2-4）后，可以通过传统的线性规划的算法求解，典型的算法是基于迭代的基追踪法（Basic Pursuit，BP）[14]，其时间复杂度为 $O(N^3)$。但是，与求解式（2-3）相比，算法复杂度的降低是以观测值数量的增加为代价的。只有在采样点的个数满足 $M \geqslant cK\ln(N/K)$[1]时，才可以较精确地恢复出原始信号[15]。除此之外，还提出了匹配追踪（Matching Pursuit，MP）算法[16]和正交匹配追踪（Orthogonal Matching Pursuit，OMP）算法[17]，大大提高了计算的速度。2005 年 Chinh La 和 Minh N. Do 又提出了树形匹配追踪（Tree-based Matching Pursuit，TMP）算法[18]，该方法针对已有方法没有考虑信号经过多尺度分解后稀疏信号的位置关系，提高了重构信号的精度和求解的速度。2006 年 Donoho 又提出了分段正交匹配追踪（Stagewise Orthogonal Matching Pursuit，StOMP）算法[19]，将原始的 OMP 算法进行一定程度的简化，提高了计算速度，使其更加适合于求解大规模问题。

2. 基于 l_p 范数的稀疏表示

按照式（2-2）的定义，当 $0<p<1$ 时，式（2-2）并不是数学意义上的范数，因为此时的 l_p 范数不能满足三角不等式（Trangle Inequality）[20]，即在任意三角形中，两边之和大于第三边。这个论断证明起来也比较容易，只要找出一个反例即可。例如我们考虑在二维空间中的点 $\boldsymbol{x}=(0,1)$，$\boldsymbol{y}=(1,0)$，有$\|\boldsymbol{x}\|=1$，$\|\boldsymbol{y}\|=1$，$\|\boldsymbol{x}+\boldsymbol{y}\|=(1^p+1^p)^{\frac{1}{p}}=2^{\frac{1}{p}}>2=\|\boldsymbol{x}\|+\|\boldsymbol{y}\|$，这就是一个违反三角不等式的例子。但是，这样的范数约束是可以保证解的稀疏性的[21,22]。图 2-3 展示了当 $0<p<1$ 时取不同值时单位球（unit ball）的形状。

3. 基于 l_2 范数的稀疏表示

l_2 范数也就是最常用的欧氏范数（Euclidean Norm），该范数导出的距离为欧氏距离，数学描述为

---

1 式中 M 为采样点的个数，c 是常数，K 是稀疏信号非零元素个数，N 是 K-阶稀疏信号的维数。

$$\|\boldsymbol{x}\|_2=\sqrt{\sum_{i=1}^{n}x_i^2} \tag{2-5}$$

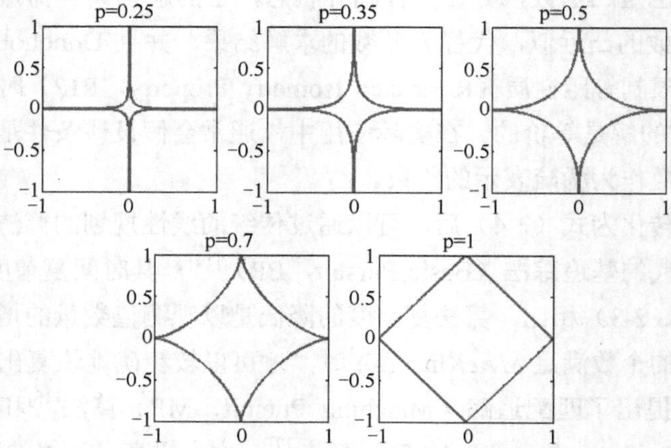

图 2-3　p 取不同值时 l_p 范数单位球的形状

实际上，当 $p>1$ 时，最小化 l_p 范数已不能产生稀疏解，在 l_2 范数最小化约束下的线性回归也叫作岭回归（Ridge Regression）[23]。通常，对应于稀疏表示的说法，这种表示模型叫作协同表示（Collaborative Representation），表达式可以写为

$$\hat{\boldsymbol{s}}=\arg\min_{\boldsymbol{s}}\{\|\boldsymbol{x}-\boldsymbol{\Psi s}\|_2+\lambda\|\boldsymbol{s}\|_2\} \tag{2-6}$$

求解式（2-6）是一个凸优化问题，可以直接求出唯一的解析解。具体损失函数表示为

$$\begin{aligned}L(\boldsymbol{s})&=(\boldsymbol{\Psi s}-\boldsymbol{x})^{\mathrm{T}}(\boldsymbol{\Psi s}-\boldsymbol{x})+\lambda\boldsymbol{s}^{\mathrm{T}}\boldsymbol{s}\\&=\boldsymbol{s}^{\mathrm{T}}\boldsymbol{\Psi}^{\mathrm{T}}\boldsymbol{\Psi s}-\boldsymbol{s}^{\mathrm{T}}\boldsymbol{\Psi}^{\mathrm{T}}\boldsymbol{x}-\boldsymbol{x}^{\mathrm{T}}\boldsymbol{\Psi s}+\boldsymbol{x}^{\mathrm{T}}\boldsymbol{x}+\lambda\boldsymbol{s}^{\mathrm{T}}\boldsymbol{s}\end{aligned} \tag{2-7}$$

求偏导，

$$\frac{\partial L(\boldsymbol{s})}{\partial\boldsymbol{s}}=2\boldsymbol{\Psi}^{\mathrm{T}}\boldsymbol{\Psi s}-\boldsymbol{\Psi}^{\mathrm{T}}\boldsymbol{x}-\boldsymbol{\Psi}^{\mathrm{T}}\boldsymbol{x}+2\lambda\boldsymbol{s} \tag{2-8}$$

令 $\dfrac{\partial L(\boldsymbol{s})}{\partial\boldsymbol{s}}=0$，可得

$$\boldsymbol{s}=(\boldsymbol{\Psi}^{\mathrm{T}}\boldsymbol{\Psi}+\lambda\boldsymbol{E})^{-1}\boldsymbol{\Psi}^{\mathrm{T}}\boldsymbol{x} \tag{2-9}$$

其中，$\boldsymbol{E}$ 是单位矩阵。

由于范数的凹凸性不同，产生的解的稀疏性也不尽相同。图 2-4 所示是由式（2-2）定义的 l_p 范数在二维空间上的单位球。

从图 2-4 中可以看出，$p=1$ 是单位球凹凸性的分界。当 $0<p<1$ 时，单位球是凹的，且随着 p 值的减小，凹陷程度越来越大，直到 $p=0$ 时，单位球变为直线。当 $p>1$ 时，单位球是凸的，随着 p 值的增大凸的程度也随之加强。

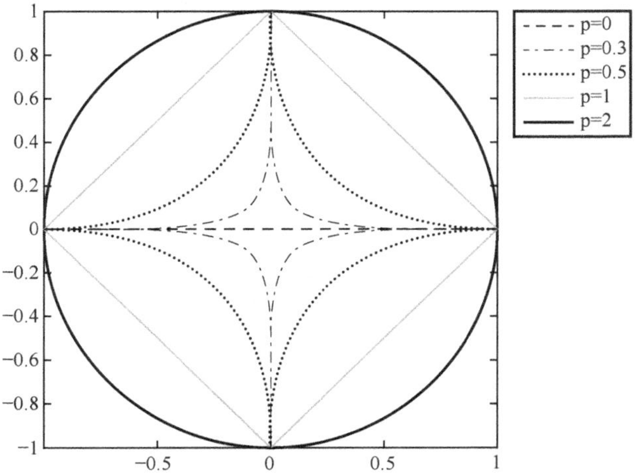

图 2-4　不同范数在二维空间上的单位球

4．基于 $l_{2,1}$ 范数的稀疏表示

$l_{2,1}$ 范数约束也叫作结构化稀疏，或者组稀疏（group sparsity），即对向量或者矩阵中的元素进行分组，同一组的元素使用 l_2 范数进行约束，不同组元素之间只用 l_1 范数进行约束。以矩阵为例，假设有矩阵 $\boldsymbol{X}\in\mathbf{R}^{m\times n}$ ，每一行向量 $\boldsymbol{x}_i$ 为一组，则其 $l_{2,1}$ 范数的定义为

$$\|\boldsymbol{X}\|_{2,1}=\sum_{i=1}^{m}\sqrt{\sum_{j=1}^{n}x_{ij}^2}=\sum_{i=1}^{m}\|\boldsymbol{x}_i\|_2 \tag{2-10}$$

从式（2-10）可以看出，$l_{2,1}$ 范数相当于对矩阵的每行（组）向量求 l_2 范数，而对不同行（组）的 l_2 范数结果使用 l_1 范数进行约束。最小化 $l_{2,1}$ 范数保证了求出的向量或矩阵是组内稠密而组间稀疏的，即某些行（组）向量的 l_2 范数为零或者近似于零。

图 2-5 和图 2-6 形象化地描述了 l_1 范数约束的稀疏表示和 $l_{2,1}$ 范数约束的组稀疏表示求出的系数向量的示意图，从中可以很清楚地理解两种编码方法的区别。在图 2-5 中，描述的是利用 l_1 范数约束的稀疏表示求出的系数向量，在该系数向量中，只有凸起位置的分量是非零值，其余没有画出的代表分量为零。从该图中我们可以看到，系数向量中的非零值是零散地分布在整个向量中的。而在图 2-6 中，我们可以看到只有属于第 2 组的向量元素所对应的系数分量是非零的，其余分量都是零。

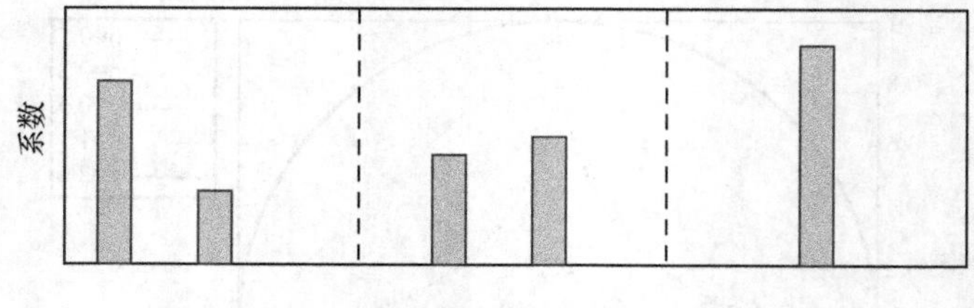

图 2-5　l_1 范数约束的稀疏表示结果

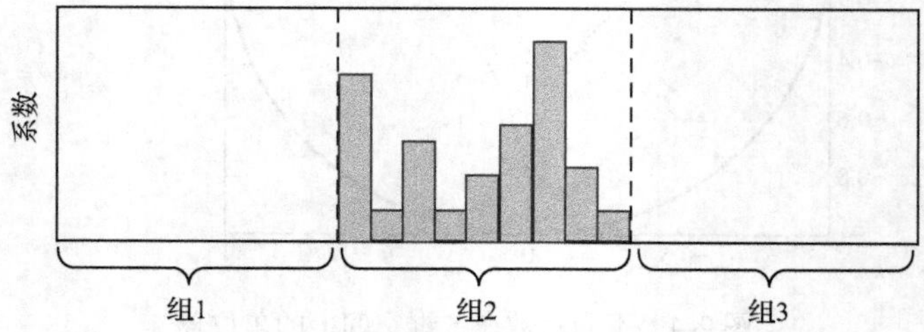

图 2-6　$l_{2,1}$ 范数约束的稀疏表示结果

2.2.4　向量的稀疏性与 l_1 范数

为什么最小化向量的 l_1 范数能够使其具有稀疏性？我们在这一节中以线性回归模型为例做一个简单的介绍。在线性回归模型中，要解决的问题可以描述为

$$f(\boldsymbol{x}) = \sum_{j=1}^{p} w_j x_j = \boldsymbol{w}^{\mathrm{T}} \boldsymbol{x} \tag{2-11}$$

如果使用平方误差作为损失函数的话，式（2-11）就变成最小化下面的问题：

$$\min J(\boldsymbol{w}) = \frac{1}{n} \sum_{i=1}^{n} (y_i - f(x_i))^2 = \frac{1}{n} \| \boldsymbol{y} - \boldsymbol{X}\boldsymbol{w} \|_2^2 \tag{2-12}$$

式中，$\boldsymbol{X} = (\boldsymbol{x}_1, \boldsymbol{x}_2, \cdots, \boldsymbol{x}_n)^{\mathrm{T}} \in \mathbf{R}^{n \times p}$ 是样本数据矩阵，n 是样本个数，p 是样本维数；$\boldsymbol{y} = (y_1, y_2, \cdots, y_n)^{\mathrm{T}}$ 是由目标值组成的列向量。式（2-12）的解析解为

$$\hat{\boldsymbol{w}} = (\boldsymbol{X}^{\mathrm{T}} \boldsymbol{X})^{-1} \boldsymbol{X}^{\mathrm{T}} \boldsymbol{y} \tag{2-13}$$

然而在实际应用中，当数据维数 p 大于样本个数 n 时，矩阵 $\boldsymbol{X}^{\mathrm{T}}\boldsymbol{X}$ 是非满秩的，所以式（2-13）将有无穷多个解，如果从所有可行解中随机选一个的话，那么得到的很可能不是最优解。解决这种问题最常用的方法就是在目标函数中增加一个 l_2 范数的正则化项，即

$$\min J(\boldsymbol{w}) = \frac{1}{n} \| \boldsymbol{y} - \boldsymbol{X}\boldsymbol{w} \|_2^2 + \lambda \| \boldsymbol{w} \|_2^2 \tag{2-14}$$

直观地看，使用了 l_2 范数作为正则化项，会使函数的解偏向于范数较小的 $\boldsymbol{w}$。从凸优化的角度来说，求解式（2-14）等价于求解如下问题：

$$\min_{w}\frac{1}{n}\|\boldsymbol{y}-\boldsymbol{X}\boldsymbol{w}\|_2^2,\ \text{s.t.}\ \|\boldsymbol{w}\|_2\leqslant C \tag{2-15}$$

式中 C 和 λ 是一一对应的常数。在目标函数中，通过限制解向量 l_2 范数的取值范围起到了对模型空间的限制作用。但是，增加对解向量 l_2 范数的限制，并不能产生具有稀疏性的解，得到的解向量 $\boldsymbol{w}$ 仍然需要数据中的所有特征才能计算预测结果。为了使解向量 $\boldsymbol{w}$ 具有稀疏性，可用 l_1 范数代替 l_2 范数，即我们前面介绍的 l_1 范数稀疏表示问题。与式（2-15）类似，求解带有 l_1 范数的最小平方误差问题等价于如下形式：

$$\min_{w}\frac{1}{n}\|\boldsymbol{y}-\boldsymbol{X}\boldsymbol{w}\|_2^2,\ \text{s.t.}\ \|\boldsymbol{w}\|_1\leqslant C \tag{2-16}$$

直观地来说，式（2-16）将模型空间限制在解向量 $\boldsymbol{w}$ 的一个 l_1 球（l_1-ball）中。为了便于可视化，我们假设数据为二维的情况，即 $\boldsymbol{w}=(w_1,w_2)$。在(w_1,w_2)平面上可以画出目标函数的等高线，而约束条件则成为平面上半径为 C 的一个标准球（Norm ball）。在等高线与标准球首次相交的地方就是目标函数的最优解，如图 2-7 所示。从图中可以看到，l_1-ball 与 l_2-ball 的不同之处就在于它和每个坐标轴相交的地方都是一个“尖角”，而目标函数的等高线除非位置摆得非常好，大部分情况下二者都会在有“尖角”的地方相交。l_1-ball 中出现“尖角”的位置都是某个坐标轴上，而此时解向量中的其他坐标轴上的分量自然为零，从而产生了具有稀疏性的解向量。相比之下，l_2-ball 就没有这样的性质了，因为 l_2-ball 呈现出一个圆的形状，在与等高线发生相交的地方都是平滑的，所以出现具有稀疏性的解的概率就变得非常小了。这就从直观上来解释了为什么 l_1 范数作为正则化项时能产生具有稀疏性的解，而 l_2 范数作为正则化项所产生的解具有平滑各个分量的作用。

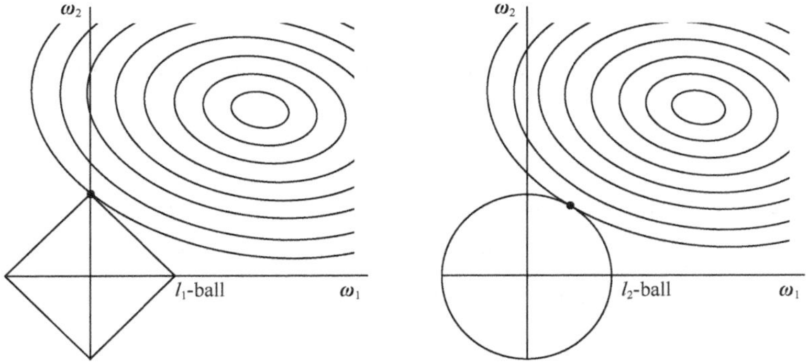

图 2-7　l_1 范数和 l_2 范数在目标函数中的可视化解释

2.3 本章小结

本章内容从压缩感知理论入手，主要介绍了稀疏表示理论的背景知识和数学方法，梳理了常用的稀疏约束表示形式以及每种约束形式的特点。这些理论知识为稀疏表示理论在图像处理领域的实践和应用奠定了坚实的基础。

参 考 文 献

[1] Hubel D H ,Wiesel T N. Receptive fields of single neurones in the cat's striate cortex[J]. Journal of Physiology, 1959, (148): 574-591.

[2] Olshausen B A, Field D J. Emergence of simple-cell receptive field properties by learning a sparse coding for natural images[J]. Nature, 1996, (381): 607-609.

[3] Olshausen B A, Field D J. Sparse coding with an overcomplete basis set: a strategy employed by V1[J]. Vision Research, 1997, (37): 3311-3325.

[4] Candes E. Compressive sampling[C]//Proceedings of the International Congress of Mathematicians. Madrid, 2006, 1433-1452.

[5] Donoho D L. Compressed sensing[J]. IEEE Transactions on Information Theory, 2006, 52(4):1289-1306.

[6] Candès E J, Wakin M B. An introduction to compressive sampling[J]. IEEE Signal Processing Magazine, March 2008, V.21.

[7] Baraniuk R. Compressive sensing[J]. IEEE Signal Processing Magazine, 2007, 24(4): 118-124.

[8] Krause E F. Taxicab Geometry[M]. Dover, 1987.

[9] Deza E , Deza M M. Encyclopedia of distances[M]. Springer, 2009.

[10] Baron D, Wakin M B, Duarte M, Sarvotham S, Baraniuk R G. Distributed compressed sensing of jointly sparse signals[C]//Proceedings of the 39th Asilomar Conference on Signals. Systems & Computation, 2005, 1537-1541.

[11] Candes E, Rudelson M, Tao T. Error correction via linear programming[C]// 46th Annual IEEE Symposium on Foundations of Computer Science. IEEE Computer Society, 2005, 668-681.

[12] Donoho D L. For most large underdetermined systems of equations, the minimal l_1-norm near-solution approximates the sparsest near-solution[J]. Communications on Pure and Applied Mathematics, 2006, 59(7): 907-934.

[13] Candes E , Emmanuel J. The restricted isometry property and its implications for compressed sensing[J]. Comptes rendus-Mathematique, 2008, 364(9): 589-592.

[14] Chen S S, Donoho D L , Saunders M A. Atomic decomposition by basis pursuit[J]. SIAM Journal on Scientific Computing, 1999, 20(1): 33-61.

[15] Candes E, Romberg J, Tao T. Robust uncertainty principles: exact signal reconstruction from highly incomplete frequency information[J]. IEEE Transactions on Information Theory, 2006, 52(2): 489-509.

[16] Mallat S, Zhang S. Matching pursuits with time-frequency dictionaries[J]. IEEE Transactions on Signal Processing, 1993, 41(12): 3397-3415.

[17] Tropp J A, Gilbert A C. Signal recovery from partial information via orthogonal matching pursuit[J]. IEEE Transactions on Information Theory, 2007, 53(12): 4655-4666.

[18] La C, Do M N. Signal reconstruction using sparse tree representation[C]// Proceedings of Wavelets XI at SPIE Optics and Photonics. San Diego, Aug, 2005.

[19] Donoho D L, Tsaig Y, Drori I. *Sparse solution of underdetermined linear equations by stagewise orthogonal matching pursuit*. Technical Report (Department of Statistics, Stanford University), Mar, 2006.

[20] Prugovecki E, Pan Y K. Quantum mechanics in hilbert space. *American Journal of Physics*, 1981, 41(10):1213-1214.

[21] Xu Z, Chang X, Xu F, Zhang H. $l_{1/2}$ Regularization: a thresholding representation theory and a fast solver[J]. IEEE Transactions on Neural Networks & Learning Systems, 2012, 23(7):1013-1027.

[22] Qin L, Lin Z, She Y, Zhang C. A comparision of typical l_p minimization algorithms[J]. Neurocomputing, 2013, 119(16):413-424.

[23] Hoerl A E, Kennard R W. Ridge regression: biased estimation for nonorthogonal problems[J]. Technometrics, 1970, 12(1):55-67.

第 3 章 稀疏表示优化算法——贪心算法

在本章中，我们主要讨论经典的 l_0 正则化问题的优化算法。在第 2 章，已经介绍了稀疏表示问题的数学定义为

$$\min_{\boldsymbol{\alpha}} \|\boldsymbol{\alpha}\|_0, \quad \text{s.t.} \quad \|\boldsymbol{x}-\boldsymbol{D}\boldsymbol{\alpha}\|_2^2 \leqslant \varepsilon \tag{3-1}$$

或

$$\min_{\boldsymbol{\alpha}} \|\boldsymbol{x}-\boldsymbol{D}\boldsymbol{\alpha}\|_2^2, \quad \text{s.t.} \quad \|\boldsymbol{\alpha}\|_0 \leqslant k \tag{3-2}$$

其中 $\boldsymbol{x}\in \mathbf{R}^d$ 是输入信号，$\boldsymbol{D}\in \mathbf{R}^{d\times N}$ 是过完备字典。

从式（3-2）可以看到，未知量 $\boldsymbol{\alpha}$ 由两个待确定的有效成分组成：解的支撑集和支撑集上的非零值。因此，一种求解式（3-1）的数值解的方法就聚集在支撑集上。一旦支撑集被确定，利用最小二乘法可以很容易地得到 $\boldsymbol{\alpha}$ 的非零值。由于支撑集是离散的，因此需要搜索该支撑集的算法也是离散的。贪心算法是解决这种离散搜索问题的一种很好的方法。

贪心算法的核心思想是利用一系列局部优化的单项更新来避免耗时的全局搜索，从 $\boldsymbol{\alpha}_0=\boldsymbol{0}$ 开始，通过保持一组有效的列，来迭代构造 k 项近似 $\boldsymbol{\alpha}_k$。有效列集合的初始值是空集，然后，通过每步增加一列的方式扩充该集合。每一步所要增加的列，能最大限度地减少由当前列所组成的集合表示的信号与 $\boldsymbol{x}$ 之间的重构残差。每增加一个新列得到新的近似后，重新计算重构残差，如果残差小于某个给定的阈值，则算法结束。贪心算法提供了一种特殊的方式得到近似的稀疏表示解[1,2]。

下面将介绍两种有代表性的解决该问题的贪心算法：匹配追踪算法和正交匹配追踪算法。

3.1 匹配追踪算法

匹配追踪算法（Matching Pursuit，MP）[3]是最早的、有代表性的使用贪心策略求解式（3-1）或式（3-2）近似解的方法。MP 算法的主要思想是基于某种相似性度量准则，迭代地从过完备字典中选择与输入信号最匹配的原子，从而达到对输入信号的逼近。对于信号 $\boldsymbol{x}$ 和过完备字典 $\boldsymbol{D}=[\boldsymbol{d}_1,\boldsymbol{d}_2,\cdots,\boldsymbol{d}_N]\in \mathbf{R}^{d\times N}$，利用 MP 算法对于信号 $\boldsymbol{x}$ 进行稀疏表示的过程可描述如下：

假设过完备字典 $\boldsymbol{D}=[\boldsymbol{d}_1,\boldsymbol{d}_2,\cdots,\boldsymbol{d}_N]\in\mathbf{R}^{d\times N}$ 中每一个原子都是单位向量，即 $\|\boldsymbol{d}_j\|=1, j=1,2,\cdots,N$。初始化残差 $\boldsymbol{r}_0=\boldsymbol{x}$。为了近似表示信号 $\boldsymbol{x}$，首先从字典 $\boldsymbol{D}$ 中选出与信号最为匹配的原子 $\boldsymbol{d}_{\lambda_0}$，它们的内积满足如下条件：

$$|<\boldsymbol{r}_0,\boldsymbol{d}_{\lambda_0}>|=\max|<\boldsymbol{r}_0,\boldsymbol{d}_j>| \tag{3-3}$$

其中 λ_0 是字典 $\boldsymbol{D}$ 中某一个原子的下标。因此，信号 $\boldsymbol{x}$ 被分解为

$$\boldsymbol{x}=<\boldsymbol{x},\boldsymbol{d}_{\lambda_0}>\boldsymbol{d}_{\lambda_0}+\boldsymbol{r}_1 \tag{3-4}$$

在式（3-4）中，$<\boldsymbol{x},\boldsymbol{d}_{\lambda_0}>\boldsymbol{d}_{\lambda_0}$ 表示信号在原子 $\boldsymbol{d}_{\lambda_0}$ 的正交投影，$\boldsymbol{r}_1$ 是第一次匹配后的残差。由于所选原子 $\boldsymbol{d}_{\lambda_0}$ 与残差 $\boldsymbol{r}_1$ 是正交的，故利用式（3-4）可以推导出如下关系：

$$\|\boldsymbol{x}\|_2^2=|<\boldsymbol{x},\boldsymbol{d}_{\lambda_0}>|^2+\|\boldsymbol{r}_1\|_2^2 \tag{3-5}$$

在第一次匹配完之后，对残差 $\boldsymbol{r}_1$ 做类似的匹配，即从字典 $\boldsymbol{D}$ 中选出与残差 $\boldsymbol{r}_1$ 最为匹配的原子，以此迭代下去直到满足算法结束条件。

在第 t+1 次迭代中，与残差 $\boldsymbol{r}_t$ 匹配最好的原子 $\boldsymbol{d}_{\lambda_t}$ 满足：

$$|<\boldsymbol{r}_t,\boldsymbol{d}_{\lambda_t}>|=\max|<\boldsymbol{r}_t,\boldsymbol{d}_j>| \tag{3-6}$$

残差 $\boldsymbol{r}_t$ 被分解为

$$\boldsymbol{r}_t=<\boldsymbol{r}_t,\boldsymbol{d}_{\lambda_t}>\boldsymbol{d}_{\lambda_t}+\boldsymbol{r}_{t+1} \tag{3-7}$$

显然，原子 $\boldsymbol{d}_{\lambda_t}$ 与残差 $\boldsymbol{r}_{t+1}$ 是正交的，故有：

$$\|\boldsymbol{r}_t\|_2^2=|<\boldsymbol{r}_t,\boldsymbol{d}_{\lambda_t}>|^2+\|\boldsymbol{r}_{t+1}\|_2^2 \tag{3-8}$$

经过 n 次迭代，输入信号可被表示为

$$\boldsymbol{x}=\sum_{t=0}^{n-1}<\boldsymbol{r}_t,\boldsymbol{d}_{\lambda_t}>\boldsymbol{d}_{\lambda_t}+\boldsymbol{r}_n \tag{3-9}$$

当残差 $\boldsymbol{r}_n$ 足够小的时候，输入信号可近似地表示为

$$\boldsymbol{x}\approx\sum_{t=0}^{n-1}<\boldsymbol{r}_t,\boldsymbol{d}_{\lambda_t}>\boldsymbol{d}_{\lambda_t} \tag{3-10}$$

其中 $n\ll N$。因此，输入信号 $\boldsymbol{x}$ 可由过完备字典 $\boldsymbol{D}$ 中的少量原子稀疏表示。MP 算法的迭代停止条件可用信号的稀疏表示和信号的近似程度来衡量，即当残差小于给定的值时，算法停止迭代。

MP 算法的详细步骤如算法 3-1 所示[4-6]。

算法 3-1　匹配追踪算法
输入：信号样本 $\boldsymbol{x}$，字典 $\boldsymbol{D}$ 和误差阈值 τ。 输出：稀疏系数向量 $\hat{\boldsymbol{\alpha}}$。 初始化：令迭代次数 t=0，初始残差 $\boldsymbol{r}_0=\boldsymbol{x}$，初始解 $\boldsymbol{\alpha}=\boldsymbol{0}$，初始指标集 $\boldsymbol{\Lambda}_0=\varnothing$。

当$\|\boldsymbol{r}_t\| > \tau$时执行以下步骤：

步骤 1：t=t+1；

步骤 2：搜索最匹配的原子，即利用

$$\lambda_t = \arg\max_j |<\boldsymbol{r}_{t-1}, \boldsymbol{d}_j>|$$

寻找与残差$\boldsymbol{r}_{t-1}$内积最大的原子$\boldsymbol{d}_{\lambda_t}$；

步骤 3：更新指标集

$$\boldsymbol{\Lambda}_t = \boldsymbol{\Lambda}_{t-1} \cup \{\lambda_t\}$$

步骤 4：更新稀疏系数，令$\boldsymbol{\alpha}_t = \boldsymbol{\alpha}_{t-1}$，$\boldsymbol{\alpha}_t$中第$\lambda_t$个元素更新为

$$\alpha_{t\lambda_t} = \alpha_{t\lambda_t} + <\boldsymbol{r}_{t-1}, \boldsymbol{d}_{\lambda_t}>$$

步骤 5：更新残差

$$\boldsymbol{r}_t = \boldsymbol{r}_{t-1} - <\boldsymbol{r}_{t-1}, \boldsymbol{d}_{\lambda_t}> \boldsymbol{d}_{\lambda_t}$$

MP 算法的缺点是在优化过程中，某一原子可能被重复选中，进而导致算法需要更多的迭代次数才能达到收敛。例如，在二维空间中，信号$\boldsymbol{x}$可用$\boldsymbol{D}=[\boldsymbol{d}_1, \boldsymbol{d}_2]$来表达，MP 算法会在这两个向量之间迭代投影，之前投影过的原子方向，之后还有可能投影。换句话说，MP 的方向选择不是最优的，而是次优的。

3.2　正交匹配追踪算法

在 MP 算法的基础上，Y.C. Pati 和 R. Rezaiifar 提出了正交匹配追踪（Orthogonal Matching Pursuit，OMP）的概念[7]，它与 MP 算法相比优势在于：将残差信号在所选原子上进行投影之前，先将所选原子通过 Gram-schmidt 正交化方法进行正交化处理，然后将残差信号在处理过的原子上进行投影，这样就能保证每次迭代的结果都是全局最优解，收敛速度自然会比 MP 算法快，迭代次数也减少。

OMP 算法的详细步骤如算法 3-2 所示[8]。

算法 3-2　OMP 算法

输入：信号样本$\boldsymbol{x}$，字典$\boldsymbol{D}$和误差阈值τ。

输出：稀疏系数向量$\hat{\boldsymbol{\alpha}}$。

初始化：令迭代次数t=0，初始残差$\boldsymbol{r}_0 = \boldsymbol{x}$，初始解$\boldsymbol{\alpha}_0 = \boldsymbol{0}$，初始重构原子集合$\boldsymbol{D}_0 = \varnothing$，初始指标集$\boldsymbol{\Lambda}_0 = \varnothing$。

当$\|\boldsymbol{r}_t\| > \tau$时执行以下步骤：

步骤 1：t=t+1；

步骤 2：搜索最匹配的原子，即利用

$$\lambda_t = \arg\max_{j \notin \Lambda_{t-1}} |<\boldsymbol{r}_{t-1}, \boldsymbol{d}_j>|$$

寻找与残差 $\boldsymbol{r}_{t-1}$ 内积最大的原子 $\boldsymbol{d}_{\lambda_t}$ $(\lambda_t \notin \Lambda_{t-1})$；

步骤 3：更新指标集

$$\boldsymbol{\Lambda}_t = \boldsymbol{\Lambda}_{t-1} \cup \{\lambda_t\}$$

更新重构原子集

$$\boldsymbol{D}_t = [\boldsymbol{D}_{t-1}, \boldsymbol{d}_{\lambda_t}]$$

步骤 4：利用最小二乘方法计算稀疏系数

$$\boldsymbol{\alpha}_t = \arg\min \| \boldsymbol{x} - \boldsymbol{D}_t \boldsymbol{\alpha}_{t-1} \|_2^2$$

步骤 5：更新残差

$$\boldsymbol{r}_t = \boldsymbol{x} - \boldsymbol{D}_t \boldsymbol{\alpha}_t$$

从上述 OMP 算法流程可以看出，残差 $\boldsymbol{r}_t$ 始终保持正交于重建信号 $\boldsymbol{D}_t$，进而每次迭代都能保证找到新的匹配原子，大大提高了算法的效率。

在 MP 和 OMP 算法基础上，研究者们提出了许多贪心算法来解决式（3-1）的问题。在 OMP 算法的基础之上，Needell 等人提出了正则正交匹配追踪（Regularized Orthogonal Matching Pursuit，ROMP）算法，并且基于随机频域测度的限制等距性（Restricted Isometry Property，RIP），准确重构出所有稀疏信号[9]。另外，还有压缩采样匹配追踪（Compressive Sampling Matching Pursuit，CoSaMP）算法，将限制等距性和剪枝技术等结合到 OMP 算法的迭代结构中，该算法在重构信号方面的表现也十分的出色[10]。Donoho 等人还提出了 OMP 算法的改进方法：分段正交匹配追踪（Stage-wise Orthogonal Matching Pursuit，StOMP）[11]算法，该算法包括三个主要步骤，分别是设定阈值、选择和投影。Dai 等人在 CoSaMP 算法的启发下，提出了一种新的匹配追踪算法，即子空间追踪算法（Subspace Pursuit，SP）[12]，相比于 OMP 算法，SP 算法在性能上有了很大的提升，但也增大了计算量和算法的复杂度。

3.3　本章小结

本章主要介绍了求解稀疏表示优化算法中的贪心算法，重点介绍了基于匹配追踪的优化方法以及其改进方法——正交匹配追踪算法。基于贪心算法的稀疏表示优化方法是比较常用的一类方法。

参 考 文 献

[1] Elad M. Sparse and redundant representations: from theory to applications in signal and image processing[J]. New York, NY, USA: Springer-Verlag, 2010.

[2] Tropp J A, Gilbert A C, Strauss M J. Algorithms for simultaneous sparse approximation.Part I: greedy pursuit. Signal Processing, 2006, 86(3):572–588.

[3] Mallat S G , Zhang Z. Matching pursuits with time-frequency dictionaries[J]. IEEE Trans. Signal Processing, 1993, 41(12):3397–3415.

[4] Mairal J, Bach F, Ponce J. Sparse modeling for image and vision processing[J]. Foundations and Trends in Computer Graphics and Vision Archive, 2014, 8(2-3): 85-283.

[5] Zhang Z, Xu Y, Yang J, Li X L, David Z. A survey of sparse representation: algorithms and applications[J]. IEEE ACCESS, 2015, 3:490-530.

[6] Michael E. Sparse and redundant representations[M]//Theoretical and Numerical Foundations. Springer New York, 2010.

[7] Pati Y C, Rezaiifar R, Krishnaprasad P S. Orthogonal matching pursuit: recursive function approximation with applications to wavelet decomposition [C]// Proceedings of 27th Asilomar Conference Signals, Systems & Computers, Nov. 1993, 40–44.

[8] Tropp J A, Gilbert A C. Signal recovery from random measurements via orthogonal matching pursuit[J]. IEEE Transactions on Information Theory, 2007, 53(12): 4655–4666.

[9] Needell D, Vershynin R. Uniform uncertainty principle and signal recovery via regularized orthogonal matching pursuit[J]. Foundations of Compututional Mathematics, 2009, 9(3): 317–334.

[10] Needell D, Tropp J A. CoSaMP: Iterative signal recovery from incomplete and inaccurate samples. Appl. Comput. Harmon. Anal., 2009, 26(3): 301–321.

[11] Donoho D L, Tsaig Y, Drori I, Starck J L. Sparse solution of underdetermined systems of linear equations by stagewise orthogonal matching pursuit[J]. IEEE Transactions on Information Theory, 2012, 58(2): 1094–1121.

[12] Dai W, Milenkovic O. Subspace pursuit for compressive sensing signal reconstruction[J]. IEEE Transactions on Information Theory, 2009, 55(5): 2230–2249.

第 4 章　稀疏表示优化算法——约束优化

本章我们主要讨论基于 l_1 范数的稀疏表示问题的优化算法。基于 l_0 范数的稀疏表示问题，可以将 l_0 范数松弛到 l_1 范数，得到如下的目标函数：

$$\min_{\boldsymbol{\alpha}} \|\boldsymbol{\alpha}\|_1\text{，s.t.} \|\boldsymbol{x}-\boldsymbol{D\alpha}\|_2^2 \leqslant \varepsilon \tag{4-1}$$

或

$$\min_{\boldsymbol{\alpha}} \|\boldsymbol{x}-\boldsymbol{D\alpha}\|_2^2\text{，s.t.} \|\boldsymbol{\alpha}\|_1 \leqslant k \tag{4-2}$$

其中 $\boldsymbol{x}\in\mathbf{R}^d$ 是输入信号，$\boldsymbol{D}\in\mathbf{R}^{d\times N}$ 是过完备字典，ε 和 k 是非负的实参数值。式（4-1）和式（4-2）可以转换为非约束优化问题，即：

$$\min_{\boldsymbol{\alpha}}\left\{\frac{1}{2}\|\boldsymbol{x}-\boldsymbol{D\alpha}\|_2^2+\lambda\|\boldsymbol{\alpha}\|_1\right\} \tag{4-3}$$

本章主要介绍求解式（4-3）的优化算法。对于式（4-3）的问题求解，约束优化是解决基于 l_1 范数的稀疏表示问题的一种有效策略。该类方法将不可微的非约束问题通过转化，表示为光滑可微的约束优化问题，然后再进行求解。下面将介绍三种有代表性的解决该问题的约束优化算法，分别是梯度投影稀疏重构算法、内点法和交替方向法。

4.1　梯度投影稀疏重构算法

梯度投影稀疏重构算法本质上是一种应用到求解式（4-3）上的梯度投影（Gradient Projection，GP）算法，核心思想是沿着梯度下降的方向寻找稀疏表示解。本节从以下四个方面展开介绍。

1．将式（4-3）转换成约束二次问题

梯度投影稀疏重构（Gradient Projection Sparse Reconstruction，GPSR）的第一个关键步骤是找到一个约束函数[1]，在该约束函数中，每个$\boldsymbol{\alpha}$函数可以分解为两部分：正部和负部。向量$\boldsymbol{\alpha}_+$和向量$\boldsymbol{\alpha}_-$表示$\boldsymbol{\alpha}$的正系数和负系数。因此稀疏表示解向量$\boldsymbol{\alpha}$可以表示为如下的形式：

$$\boldsymbol{\alpha}=\boldsymbol{\alpha}_+-\boldsymbol{\alpha}_-,\ \boldsymbol{\alpha}_+\geqslant\mathbf{0},\ \boldsymbol{\alpha}_-\geqslant\mathbf{0} \tag{4-4}$$

因此$\|\boldsymbol{\alpha}\|_1=\mathbf{1}_N^{\mathrm{T}}\boldsymbol{\alpha}_++\mathbf{1}_N^{\mathrm{T}}\boldsymbol{\alpha}_-$，其中$\mathbf{1}_N^{\mathrm{T}}=[1,1,\cdots,1]$是包含 N 个 1 的 N 维向量。

相应地，式（4-3）可以表示为如下的约束二次问题：

$$\arg\min L(\boldsymbol{\alpha})=\arg\min\left\{\frac{1}{2}\|\boldsymbol{x}-\boldsymbol{D}[\boldsymbol{\alpha}_+-\boldsymbol{\alpha}_-]\|_2^2+\lambda(\mathbf{1}_N^{\mathrm{T}}\boldsymbol{\alpha}_++\mathbf{1}_N^{\mathrm{T}}\boldsymbol{\alpha}_-)\right\}\quad\text{s.t. } \boldsymbol{\alpha}_+\geqslant 0,\ \boldsymbol{\alpha}_-\geqslant 0 \tag{4-5}$$

或者

$$\arg\min L(\boldsymbol{\alpha})=\arg\min\left\{\frac{1}{2}\|\boldsymbol{x}-[\boldsymbol{D}_+,\boldsymbol{D}_-][\boldsymbol{\alpha}_+;-\boldsymbol{\alpha}_-]\|_2^2+\lambda(\mathbf{1}_N^{\mathrm{T}}\boldsymbol{\alpha}_++\mathbf{1}_N^{\mathrm{T}}\boldsymbol{\alpha}_-)\right\}\quad\text{s.t. } \boldsymbol{\alpha}_+\geqslant 0,\ \boldsymbol{\alpha}_-\geqslant 0 \tag{4-6}$$

更进一步地，式（4-5）可以写成如下表达式：

$$\arg\min G(\boldsymbol{z})=\arg\min\left(\boldsymbol{c}^{\mathrm{T}}\boldsymbol{z}+\frac{1}{2}\boldsymbol{z}^{\mathrm{T}}\boldsymbol{A}\boldsymbol{z}\right),\ \text{s.t. } \boldsymbol{z}\geqslant 0 \tag{4-7}$$

其中 $\boldsymbol{z}=[\boldsymbol{\alpha}_+;\boldsymbol{\alpha}_-]$，$\boldsymbol{c}=\lambda\mathbf{1}_{2N}+[-\boldsymbol{D}^{\mathrm{T}}\boldsymbol{x};\boldsymbol{D}^{\mathrm{T}}\boldsymbol{x}]$，$\mathbf{1}_{2N}=\underbrace{[1,1,\cdots,1]^{\mathrm{T}}}_{2N}$，$\boldsymbol{A}=\begin{pmatrix}\boldsymbol{D}^{\mathrm{T}}\boldsymbol{D} & -\boldsymbol{D}^{\mathrm{T}}\boldsymbol{D}\\ -\boldsymbol{D}^{\mathrm{T}}\boldsymbol{D} & \boldsymbol{D}^{\mathrm{T}}\boldsymbol{D}\end{pmatrix}$。

2. 参数选择

在 GPSR 中，在第 t 代到经 t+1 代的迭代中，首先选择参数 $\sigma^t>0$，并令

$$\boldsymbol{w}^t=(\boldsymbol{z}^t-\sigma^t\nabla G(\boldsymbol{z}^t))_+ \tag{4-8}$$

然后选择另一参数 $\tau^t\in[0,1]$，并令

$$\boldsymbol{z}^{t+1}=\boldsymbol{z}^t+\tau^t(\boldsymbol{w}^t-\boldsymbol{z}^t) \tag{4-9}$$

常用的选择 σ^t 和 τ^t 的方法有两种，分别得到基本 GPSR 算法（GPSR-Basic）和 Barzilai-Borwein（BB）梯度投影稀疏重构算法（GPSR-BB）。

3. 基本的梯度投影稀疏重构算法：GPSR-Basic

在基本 GPSR 算法中，在每一次迭代时使 $\boldsymbol{z}^t$ 沿着负梯度 $-\nabla G(\boldsymbol{z}^t)$ 方向进行搜索，若不在可行域内则投影到非负象限，然后进行回溯线搜索（Backtracking Line Search）直到函数 G 进行了充分的减少[2]。对于 σ^t 进行了初始设置，若没有遇到新的界限，则该设置使得沿着该方向得到确切的函数 G 的最小值。具体地，定义向量：

$$\boldsymbol{g}_i^t=\begin{cases}(\nabla G(\boldsymbol{z}^t))_i, & z_i^t>0\text{或}(\nabla G(\boldsymbol{z}^t))_i<0\\ 0 & \text{，其他}\end{cases} \tag{4-10}$$

选择初始设置：

$$\sigma_0=\arg\min_{\sigma}G(\boldsymbol{z}^t-\sigma\boldsymbol{g}^t) \tag{4-11}$$

由式（4-11）可得到其解析解：

$$\sigma_0=\frac{(\boldsymbol{g}^t)^{\mathrm{T}}(\boldsymbol{g}^t)}{(\boldsymbol{g}^t)^{\mathrm{T}}\mathbf{A}(\boldsymbol{g}^t)} \tag{4-12}$$

为了防止 σ_0 的值过大或过小，可将其限制在区间 $[\sigma_{\min},\sigma_{\max}]$，其中 $0<\sigma_{\min}<\sigma_{\max}$。

基本的 GPSR 算法的主要步骤如算法 4-1 所示。

算法 4-1　基本的梯度投影稀疏重构算法（GPSR-Basic）

任务：解决非约束问题 $\hat{\boldsymbol{\alpha}}=\arg\min\left\{\frac{1}{2}\|\boldsymbol{x}-\boldsymbol{D}\boldsymbol{\alpha}\|_2^2+\lambda\|\boldsymbol{\alpha}\|_1\right\}$。

输入：信号样本 $\boldsymbol{x}$，字典 $\boldsymbol{D}$。

步骤 1：初始化，给定 $\boldsymbol{z}^0$，选择参数 $\beta\in(0,1)$，$\mu\in\left(0,\frac{1}{2}\right)$，并令 t=0;

步骤 2：利用式（4-11）计算 σ_0，再利用 $\mathrm{mid}(\sigma_{\min},\sigma_0,\sigma_{\max})$ 替代 σ_0，其中算子 $\mathrm{mid}(\sigma_{\min},\sigma_0,\sigma_{\max})$ 表示为取三个值中的中值;

步骤 3：回溯线搜索，从序列 $\sigma_0,\beta\sigma_0,\beta^2\sigma_0\cdots$ 中选择第一个满足下式的元素：

$$G(\boldsymbol{z}^t-\sigma^t\nabla G(\boldsymbol{z}^t))_+\leqslant G(\boldsymbol{z}^t)-\mu\nabla G(\boldsymbol{z}^t)^T(\boldsymbol{z}^t-(\boldsymbol{z}^t-\sigma^t\nabla G(\boldsymbol{z}^t)_+))$$

并令

$$\boldsymbol{z}^{t+1}=(\boldsymbol{z}^t-\sigma^t\nabla G(\boldsymbol{z}^t))_+$$

步骤 4：若满足终止条件则停止迭代，得到近似解 $\boldsymbol{z}^{t+1}$；否则令 t=t+1，返回步骤 2;

输出：$\boldsymbol{z}^{t+1},\boldsymbol{\alpha}$。

4．Barzilai-Borwein 梯度投影稀疏重构算法：GPSR-BB

GPSR-Basic 算法保证了每一代目标函数 G 值是减小的，由 Barzilai 和 Borwein[3] 提出的算法虽然不具有这种性质，但由于具有很好的理论支持和计算性能，因此受到研究者的重视。GPSR-BB 算法最初是用来对无约束的光滑非线性函数 G 进行优化的。在该算法中，每一步计算方法如下：

$$\boldsymbol{\delta}^t=-\boldsymbol{H}_t^{-1}\nabla G(\boldsymbol{z}^t) \tag{4-13}$$

其中 $\boldsymbol{H}_t$ 是函数 G 在 $\boldsymbol{z}^t$ 点的 Hessian 矩阵的近似。$\boldsymbol{H}_t$ 可如下选择：

$$\boldsymbol{H}_t=\eta^t\boldsymbol{I} \tag{4-14}$$

其中 η^t 的选择要使得近似值 $\boldsymbol{H}_t$ 和真实的 Hessian 矩阵在绝大部分最近的迭代步骤中具有相似的行为，即

$$\nabla G(\boldsymbol{z}^t)-\nabla G(\boldsymbol{z}^{t-1})\approx\eta^t(\boldsymbol{z}^t-\boldsymbol{z}^{t-1}) \tag{4-15}$$

选择的 η^t 在最小二乘意义下要满足式（4-15）。在无约束优化问题中，更新式（4-15）为

$$\boldsymbol{z}^{t+1}=\boldsymbol{z}^t-(\eta^t)^{-1}\nabla G(\boldsymbol{z}^t) \tag{4-16}$$

GPSR-BB 算法可用于求解式（4-7）的问题。在每一次迭代时，η^t 的选择如上所述，不同之处是 $\sigma^t=(\eta^t)^{-1}$ 要限制在区间 $[\sigma_{\min},\sigma_{\max}]$。为了定义 σ^{t+1} 的值，基

于函数 G，有

$$\nabla G(z^t)-\nabla G(z^{t-1})=A(z^t-z^{t-1}) \tag{4-17}$$

GPSR-BB 算法的主要步骤如算法 4-2 所示。

算法 4-2　BB 梯度投影稀疏重构算法（GPSR-BB）
任务：解决非约束问题 $\hat{\boldsymbol{\alpha}}=\arg\min\left\{\frac{1}{2}\Vert \boldsymbol{x}-\boldsymbol{D\alpha}\Vert_2^2+\lambda\Vert\boldsymbol{\alpha}\Vert_1\right\}$。
输入：信号样本 $\boldsymbol{x}$，字典 $\boldsymbol{D}$。 步骤 1：初始化，给定 $\boldsymbol{z}^0$，选择参数 $\sigma_{\min}$，$\sigma_{\max}$，$\sigma^0\in[\sigma_{\min},\sigma_{\max}]$，并令 t=0； 步骤 2：计算步长： $\boldsymbol{\delta}^t=(\boldsymbol{z}^t-\sigma^t\nabla G(\boldsymbol{z}^t))_+-\boldsymbol{z}^t$ 步骤 3：线搜索，在区间[0,1]找到最小化函数 $G(\boldsymbol{z}^t+\tau^t\boldsymbol{\delta}^t)$ 的 τ^t 值，并令 $\boldsymbol{z}^{t+1}=\boldsymbol{z}^t+\tau^t\boldsymbol{\delta}^t$ 步骤 4：更新 σ，计算 $\gamma^t=(\boldsymbol{\delta}^t)^{\mathrm{T}}\boldsymbol{A}\boldsymbol{\delta}^t$ 若 $\gamma^t=0$，令 $\sigma^{t+1}=\sigma_{\max}$，否则令 $\sigma^{t+1}=\mathrm{mid}\left\{\sigma_{\min},\ \frac{\Vert\boldsymbol{\delta}^t\Vert_2^2}{\gamma^t},\ \sigma_{\max}\right\}$ 步骤 5：若满足终止条件则停止迭代，得到近似解 $\boldsymbol{z}^{t+1}$；否则令 t=t+1，返回步骤 2。 输出：$\boldsymbol{z}^{t+1},\boldsymbol{\alpha}$。

由于函数 G 是二次函数，因此在步骤 3 中利用线搜索寻找参数 τ^t 可利用如下的解析解来计算：

$$\tau^t=\mathrm{mid}\left\{0,\ \frac{(\boldsymbol{\delta}^t)^{\mathrm{T}}\nabla G(\boldsymbol{z}^t)}{(\boldsymbol{\delta}^t)^{\mathrm{T}}\boldsymbol{A}\boldsymbol{\delta}^t},\ 1\right\} \tag{4-18}$$

且当 $(\boldsymbol{\delta}^t)^{\mathrm{T}}\boldsymbol{A}\boldsymbol{\delta}^t=0$，令 $\tau^t=1$。

4.2　内点法

内点法经常结合牛顿方法来有效地解决一些无约束平滑问题[2,4]，这就涉及求解复杂的牛顿方程。而对于大规模（large-scale）的问题，牛顿方程的求解是非常耗时的，在实践中是不可行的。截断牛顿法可用来解决此问题。基于截断牛顿法的内点法（the Truncated Newton based Interior-Point Method，TNIPM）可用来解决基于 l_1 范数的最小二乘问题[5-8]。

求解基于 l_1 范数的最小二乘问题的关键步骤如下：（1）将原始的非约束不光滑优化问题如式（4-3）转化为约束光滑优化问题。（2）用内点法将此约束光滑优化问题转化为一个新的非约束光滑优化问题。（3）用截断牛顿算法来求解此非约束光滑优化问题。具体介绍如下。

（1）将无约束不光滑优化问题转化为约束光滑优化问题。

为了便于表述，以下用一个一维问题为例：

$$|\alpha| = \arg \min_{-\sigma \leqslant \alpha \leqslant \sigma} \sigma \tag{4-19}$$

其中 σ 为合适的正常数。

式（4-3）的问题可以表示为

$$\begin{aligned}
\hat{\boldsymbol{\alpha}} &= \arg\min \left\{ \frac{1}{2} \| \boldsymbol{x} - \boldsymbol{D\alpha} \|_2^2 + \lambda \| \boldsymbol{\alpha} \|_1 \right\} \\
&= \arg\min \left\{ \frac{1}{2} \| \boldsymbol{x} - \boldsymbol{D\alpha} \|_2^2 + \lambda \sum_{i=1}^{N} \min_{-\sigma_i \leqslant \alpha_i \leqslant \sigma_i} \sigma_i \right\} \\
&= \arg\min \left\{ \frac{1}{2} \| \boldsymbol{x} - \boldsymbol{D\alpha} \|_2^2 + \lambda \min_{-\sigma_i \leqslant \alpha_i \leqslant \sigma_i} \sum_{i=1}^{N} \sigma_i \right\} \\
&= \arg \min_{-\sigma_i \leqslant \alpha_i \leqslant \sigma_i} \left\{ \frac{1}{2} \| \boldsymbol{x} - \boldsymbol{D\alpha} \|_2^2 + \lambda \sum_{i=1}^{N} \sigma_i \right\}
\end{aligned} \tag{4-20}$$

因此，式（4-3）可转换为一个带有不等式线性约束的凸二次规划问题：

$$\begin{gathered}
\hat{\boldsymbol{\alpha}} = \arg \min_{\boldsymbol{\alpha},\boldsymbol{\sigma} \in \mathbf{R}^N} \left\{ \frac{1}{2} \| \boldsymbol{x} - \boldsymbol{D\alpha} \|_2^2 + \lambda \sum_{i=1}^{N} \sigma_i \right\} \\
\text{s.t.} -\sigma_i \leqslant \alpha_i \leqslant \sigma_i
\end{gathered} \tag{4-21}$$

或者

$$\begin{gathered}
\hat{\boldsymbol{\alpha}} = \arg \min_{\boldsymbol{\alpha},\boldsymbol{\sigma} \in \mathbf{R}^N} \left\{ \frac{1}{2} \| \boldsymbol{x} - \boldsymbol{D\alpha} \|_2^2 + \lambda \sum_{i=1}^{N} \sigma_i \right\} \\
\text{s.t. } \sigma_i + \alpha_i \geqslant 0, \sigma_i - \alpha_i \geqslant 0
\end{gathered} \tag{4-22}$$

（2）利用内点法将约束光滑优化问题转化为新的非约束光滑优化问题。

对于边界约束 $-\sigma_i \leqslant \alpha_i \leqslant \sigma_i, i = 1,2,\cdots,N$ 定义对数障碍函数：

$$B(\boldsymbol{\alpha},\boldsymbol{\sigma}) = \sum_{i=1}^{N} \ln(\sigma_i + \alpha_i) + \sum_{i=1}^{N} \ln(\sigma_i - \alpha_i) \tag{4-23}$$

其定义域为 $\mathrm{dom}B = \{(\boldsymbol{\alpha},\boldsymbol{\sigma}) \in \mathbf{R}^N \times \mathbf{R}^N : |\alpha_i| < \sigma_i,\ i = 1,2,\cdots,N\}$。障碍函数使得迭代解位于可行域内。当迭代点靠近可行域边界时，目标函数增大，阻止迭代解穿越边界。

内点法可将式（4-22）转化为以下非约束光滑问题：

$$\hat{\boldsymbol{\alpha}}=\arg\min_{\boldsymbol{\alpha},\boldsymbol{\sigma}\in\mathbf{R}^N} G(\boldsymbol{\alpha},\boldsymbol{\sigma})=\arg\min_{\boldsymbol{\alpha},\boldsymbol{\sigma}\in\mathbf{R}^N}\left\{\frac{v}{2}\|\boldsymbol{x}-\boldsymbol{D}\boldsymbol{\alpha}\|_2^2+\lambda v\sum_{i=1}^{N}\sigma_i-B(\boldsymbol{\alpha},\boldsymbol{\sigma})\right\} \quad (4\text{-}24)$$

其中参数 $v\in(0,+\infty)$。

（3）采用截断牛顿法求解上式非约束光滑优化问题。

利用截断牛顿法来求解式（4-24），主要过程描述如下。

① 构造牛顿系统：

$$\boldsymbol{H}\begin{bmatrix}\Delta\boldsymbol{\alpha}\\ \Delta\boldsymbol{\sigma}\end{bmatrix}=-\nabla G(\boldsymbol{\alpha},\boldsymbol{\sigma})\in\mathbf{R}^{2N} \quad (4\text{-}25)$$

其中 $\boldsymbol{H}=-\nabla^2 G(\boldsymbol{\alpha},\boldsymbol{\sigma})\in\mathbf{R}^{2N}\times\mathbf{R}^{2N}$ 为 Hessian 矩阵。

对于大规模问题，精确求解式（4-25）在计算上是不可行的。我们需要寻找一个能在计算花费和收敛速率这两方面有较好平衡的搜索方向，可以利用预条件共轭梯度（the Preconditioned Conjugate Gradient，PCG）算法对式（4-25）进行求解，得到的近似解作为线搜索方向 $[\Delta\boldsymbol{\alpha};\Delta\boldsymbol{\sigma}]$。当利用迭代的 PCG 方法近似求解牛顿方程（4-25）时，该方法就称为截断牛顿法。

② 利用式（4-3）的拉格朗日对偶来构造对偶可行点和对偶间隙（gap）。具体包括：

a．构造式（4-3）的拉格朗日函数和拉格朗日对偶问题。

先来推导式（4-3）的对偶问题。引入新变量 $\boldsymbol{z}\in\mathbf{R}^d$，并令 $\boldsymbol{z}=\boldsymbol{D}\boldsymbol{\alpha}-\boldsymbol{x}$，则式（4-3）等价于如下表达式：

$$\min\{\boldsymbol{z}^{\mathrm{T}}\boldsymbol{z}+\lambda\|\boldsymbol{\alpha}\|_1\},\ \text{s.t. } \boldsymbol{z}=\boldsymbol{D}\boldsymbol{\alpha}-\boldsymbol{x} \quad (4\text{-}26)$$

令 $u_i(i=1,2,\cdots,d)$ 是与等式约束 $z_i=(\boldsymbol{D}\boldsymbol{\alpha}-\boldsymbol{x})_i$ 相关的对偶变量，则拉格朗日函数为

$$L(\boldsymbol{\alpha},\boldsymbol{z},\boldsymbol{u})=\boldsymbol{z}^{\mathrm{T}}\boldsymbol{z}+\lambda\|\boldsymbol{\alpha}\|_1+\boldsymbol{u}^{\mathrm{T}}(\boldsymbol{D}\boldsymbol{\alpha}-\boldsymbol{x}-\boldsymbol{z}) \quad (4\text{-}27)$$

对应的拉格朗日对偶问题即为

$$\begin{aligned}&\max F(\boldsymbol{u})=\max\left\{-\frac{1}{4}\boldsymbol{u}^{\mathrm{T}}\boldsymbol{u}-\boldsymbol{u}^{\mathrm{T}}\boldsymbol{x}\right\}\\&\text{s.t. } |(\boldsymbol{D}^{\mathrm{T}}\boldsymbol{u})_i|\leqslant\lambda_i,\ i=1,2,\cdots,N\end{aligned} \quad (4\text{-}28)$$

对偶优化式（4-28）是一个自变量为 $\boldsymbol{u}\in\mathbf{R}^d$ 的凸优化问题。若 $\boldsymbol{u}\in\mathbf{R}^d$ 满足式（4-28）的约束条件 $|(\boldsymbol{D}^{\mathrm{T}}\boldsymbol{u})_i|\leqslant\lambda_i$（$i=1,2,\cdots,N$），则称 $\boldsymbol{u}$ 是对偶可行解。

b．求对偶可行解。

式（4-3）具有一个很重要的性质，即从任一 $\boldsymbol{\alpha}$ 出发，构建如下对偶可行解 $\boldsymbol{u}$：

$$\begin{aligned}&\boldsymbol{u}=2s(\boldsymbol{x}-\boldsymbol{D}\boldsymbol{\alpha})\\&s=\min\{\lambda/|2x_i-2(\boldsymbol{D}^{\mathrm{T}}\boldsymbol{D}\boldsymbol{\alpha})_i|\},\ \forall i\end{aligned} \quad (4\text{-}29)$$

可以导出 $\boldsymbol{\alpha}$ 的次优下界。式中，$\boldsymbol{u}$ 表示一个对偶可行解，s 为线搜索的步长。

c．原问题与对偶问题之间的对偶间隙按下式计算：

$$g = \| \boldsymbol{x} - \boldsymbol{D}\boldsymbol{\alpha} \|_2^2 + \lambda \| \boldsymbol{\alpha} \|_1 - F(\boldsymbol{u}) \tag{4-30}$$

③ 利用回溯线搜索算法来确定牛顿线性搜索的最优步长。回溯线搜索的终止条件为

$$G(\boldsymbol{\alpha} + \eta^t \Delta \boldsymbol{\alpha}, \boldsymbol{\sigma} + \eta^t \Delta \boldsymbol{\sigma}) > G(\boldsymbol{\alpha}, \boldsymbol{\sigma}) + \rho \eta^t \nabla G(\boldsymbol{\alpha}, \boldsymbol{\sigma})^{\mathrm{T}} [\Delta \boldsymbol{\alpha}; \Delta \boldsymbol{\sigma}] \tag{4-31}$$

其中 $\rho \in (0, 0.5)$，牛顿线性搜索的步长 $\eta^t \in (0,1)$。

所以，解决基于 l_1 范数的最小二乘问题的截断牛顿内点法（TNIPM）的主要步骤见算法 4-3。

算法 4-3　截断牛顿内点法（TNIPM）求解基于 l_1 范数的最小二乘问题
任务：解决非约束问题 $\hat{\boldsymbol{\alpha}} = \arg\min \left\{ \frac{1}{2} \| \boldsymbol{x} - \boldsymbol{D}\boldsymbol{\alpha} \|_2^2 + \lambda \| \boldsymbol{\alpha} \|_1 \right\}$。
输入：信号样本 $\boldsymbol{x}$，字典 $\boldsymbol{D}$，取值很小的参数 λ。 初始化：t=1，$v = 1/\lambda$，$\rho \in (0, 0.5)$，$\boldsymbol{\sigma} = \boldsymbol{1}_N$，$\boldsymbol{1}_N = [1,1,\cdots,1]^{\mathrm{T}}$。 步骤 1：用预条件共轭梯度算法得到式（4-25）中 $\boldsymbol{H}$ 的近似值，然后得到线搜索的梯度下降方向 $[\Delta \boldsymbol{\alpha}^t; \Delta \boldsymbol{\sigma}^t]$； 步骤 2：用回溯线性搜索算法找到牛顿线性搜索算法的最优步长 η^t，即满足式（4-31）； 步骤 3：用式 $(\boldsymbol{\alpha}^{t+1}; \boldsymbol{\sigma}^{t+1}) = (\boldsymbol{\alpha}^t; \boldsymbol{\sigma}^t) + (\Delta \boldsymbol{\alpha}^t; \Delta \boldsymbol{\sigma}^t)$ 更新迭代点； 步骤 4：通过式（4-29）计算可行点，利用式（4-30）计算对偶间隙； 步骤 5：如果条件 $g / F(\boldsymbol{u}) \leqslant \xi$ 满足，结束循环；否则，更新式（4-24）中的参数 v，令 t=t+1，并返回步骤 1。 输出：$\boldsymbol{\alpha}$。

4.3　交替方向法

本节介绍如何用交替方向法（Alternating Direction Method，ADM）求解式（4-3）中的原问题和其对偶问题[9,10]。首先引入辅助变量，将式（4-3）转化为形如式（4-32）的约束问题。然后用交替方向法解决式（4-32）的子问题。

通过引入辅助变量 $\boldsymbol{s} \in \mathbf{R}^d$，式（4-3）等价于如下约束问题：

$$\begin{gathered} \arg\min_{\boldsymbol{\alpha}, \boldsymbol{s}} \left\{ \frac{1}{2\tau} \| \boldsymbol{s} \|_2^2 + \| \boldsymbol{\alpha} \|_1 \right\} \\ \text{s.t.} \quad \boldsymbol{s} = \boldsymbol{x} - \boldsymbol{D}\boldsymbol{\alpha} \end{gathered} \tag{4-32}$$

上式的增量拉格朗日最优化问题表示为

$$\arg\min_{\boldsymbol{\alpha},\boldsymbol{s},\boldsymbol{\lambda}} L(\boldsymbol{\alpha},\boldsymbol{s},\boldsymbol{\lambda}) = \arg\min_{\boldsymbol{\alpha},\boldsymbol{s},\boldsymbol{\lambda}} \left\{ \frac{1}{2\tau} \|\boldsymbol{s}\|_2^2 + \|\boldsymbol{\alpha}\|_1 - \boldsymbol{\lambda}^{\mathrm{T}}(\boldsymbol{s}+\boldsymbol{D\alpha}-\boldsymbol{x}) + \frac{\mu}{2}\|\boldsymbol{s}+\boldsymbol{D\alpha}-\boldsymbol{x}\|_2^2 \right\} \tag{4-33}$$

其中 $\boldsymbol{\lambda} \in \mathbf{R}^d$ 为拉格朗日乘子向量，μ 为惩罚参数。ADM 算法求解式（4-33）的基本框架如下：

$$\begin{cases} \boldsymbol{s}^{t+1} = \arg\min L(\boldsymbol{s},\boldsymbol{\alpha}^t,\boldsymbol{\lambda}^t) & \text{(a)} \\ \boldsymbol{\alpha}^{t+1} = \arg\min L(\boldsymbol{s}^{t+1},\boldsymbol{\alpha},\boldsymbol{\lambda}^t) & \text{(b)} \\ \boldsymbol{\lambda}^{t+1} = \boldsymbol{\lambda}^t - \mu(\boldsymbol{s}^{t+1}+\boldsymbol{D\alpha}^{t+1}-\boldsymbol{x}) & \text{(c)} \end{cases} \tag{4-34}$$

首先，第一个优化问题即式（4-34）（a）可转化为如下问题：

$$\begin{aligned} \arg\min L(\boldsymbol{s},\boldsymbol{\alpha}^t,\boldsymbol{\lambda}^t) &= \arg\min \left\{ \frac{1}{2\tau}\|\boldsymbol{s}\|_2^2 + \|\boldsymbol{\alpha}^t\|_1 - (\boldsymbol{\lambda}^t)^{\mathrm{T}}(\boldsymbol{s}+\boldsymbol{D\alpha}^t-\boldsymbol{x}) + \frac{\mu}{2}\|\boldsymbol{s}+\boldsymbol{D\alpha}^t-\boldsymbol{x}\|_2^2 \right\} \\ &= \arg\min \left\{ \frac{1}{2\tau}\|\boldsymbol{s}\|_2^2 - (\boldsymbol{\lambda}^t)^{\mathrm{T}}\boldsymbol{s} + \frac{\mu}{2}\|\boldsymbol{s}+\boldsymbol{D\alpha}^t-\boldsymbol{x}\|_2^2 + \|\boldsymbol{\alpha}^t\|_1 - (\boldsymbol{\lambda}^t)^{\mathrm{T}}(\boldsymbol{D\alpha}^t-\boldsymbol{x}) \right\} \end{aligned} \tag{4-35}$$

经过推导可以得出式（4-35）中关于 $\boldsymbol{s}$ 的解为

$$\boldsymbol{s}^{t+1} = \frac{\tau}{1+\mu\tau}(\boldsymbol{\lambda}^t - \mu(\boldsymbol{x}-\boldsymbol{D\alpha}^t)) \tag{4-36}$$

其次，第二个优化问题即式（4-34）（b）为

$$\arg\min L(\boldsymbol{s}^{t+1},\boldsymbol{\alpha},\boldsymbol{\lambda}^t) = \arg\min \left\{ \frac{1}{2\tau}\|\boldsymbol{s}^{t+1}\|_2^2 + \|\boldsymbol{\alpha}\|_1 - (\boldsymbol{\lambda}^t)^{\mathrm{T}}(\boldsymbol{s}^{t+1}+\boldsymbol{D\alpha}-\boldsymbol{x}) + \frac{\mu}{2}\|\boldsymbol{s}^{t+1}+\boldsymbol{D\alpha}-\boldsymbol{x}\|_2^2 \right\} \tag{4-37}$$

上式等价于：

$$\begin{aligned} &\arg\min \left\{ \|\boldsymbol{\alpha}\|_1 - (\boldsymbol{\lambda}^t)^{\mathrm{T}}(\boldsymbol{s}^{t+1}+\boldsymbol{D\alpha}-\boldsymbol{x}) + \frac{\mu}{2}\|\boldsymbol{s}^{t+1}+\boldsymbol{D\alpha}-\boldsymbol{x}\|_2^2 \right\} \\ &= \arg\min \left\{ \|\boldsymbol{\alpha}\|_1 + \frac{\mu}{2}\|\boldsymbol{s}^{t+1}+\boldsymbol{D\alpha}-\boldsymbol{x}-\boldsymbol{\lambda}^t/\mu\|_2^2 \right\} \\ &= \arg\min \{ \|\boldsymbol{\alpha}\|_1 + f(\boldsymbol{\alpha}) \} \end{aligned} \tag{4-38}$$

其中 $f(\boldsymbol{\alpha}) = \frac{\mu}{2}\|\boldsymbol{s}^{t+1}+\boldsymbol{D\alpha}-\boldsymbol{x}-\boldsymbol{\lambda}^t/\mu\|_2^2$，若用二阶泰勒展开式近似 $f(\boldsymbol{\alpha})$，式（4-38）可近似表示为

$$\arg\min \left\{ \|\boldsymbol{\alpha}\|_1 - (\boldsymbol{\alpha}-\boldsymbol{\alpha}^t)^{\mathrm{T}}\boldsymbol{D}^{\mathrm{T}}(\boldsymbol{s}^{t+1}+\boldsymbol{D\alpha}^t-\boldsymbol{x}-\boldsymbol{\lambda}^t/\mu) + \frac{1}{2\beta}\|\boldsymbol{\alpha}-\boldsymbol{\alpha}^t\|_2^2 \right\} \tag{4-39}$$

其中 β 为近似参数，通过软阈值（Soft Thresholding）算子可以得到式（4-39）的解为

$$\boldsymbol{\alpha}^{t+1} = \text{soft}\left\{\boldsymbol{\alpha}^t - \beta \boldsymbol{D}^{\mathrm{T}}(\boldsymbol{s}^{t+1} + \boldsymbol{D}\boldsymbol{\alpha}^t - \boldsymbol{x} - \boldsymbol{\lambda}^t / \mu), \frac{\beta}{\mu}\right\} \tag{4-40}$$

其中 $\text{soft}(\sigma,\eta) = \text{sign}(\sigma)\max\{|\sigma| - \eta, 0\}$ 。

最后，拉格朗日乘子向量 $\boldsymbol{\lambda}$ 通过式（4-34）中的（c）进行更新。

上述算法用二阶泰勒展开式来近似求解式（4-38）的子问题，因此该算法被称为近似 ADM 算法。近似 ADM 算法的流程如算法 4-4 所示。在近似 ADM 算法中，将非约束问题转换为约束问题，然后用交替方向策略来有效地优化问题的子问题。

算法 4-4　交替方向法（ADM）
任务：解决非约束问题 $\hat{\boldsymbol{\alpha}} = \arg\min\left\{\frac{1}{2}\|\boldsymbol{x} - \boldsymbol{D}\boldsymbol{\alpha}\|_2^2 + \tau\|\boldsymbol{\alpha}\|_1\right\}$ 。
输入：信号样本 $\boldsymbol{x}$，字典 $\boldsymbol{D}$，取值很小的参数 λ 。 初始化：t=0，$\boldsymbol{s}^0 = 0$ ，$\boldsymbol{\alpha}^0 = 0$ ，$\boldsymbol{\lambda}^0 = 0$ ，$\tau = 1.01$ ，μ 取一个很小的常数值。 步骤 1：通过引入辅助参数和对应的拉格朗日函数，如式（4-33）、式（4-34），重构约束优化问题式（4-3）； 执行以下步骤 2 至步骤 5 的操作，直到收敛。 步骤 2：利用式（4-36）更新 $\boldsymbol{s}^{t+1}$； 步骤 3：利用式（4-40）更新 $\boldsymbol{\alpha}^{t+1}$； 步骤 4：利用式（4-34）（c）更新 $\boldsymbol{\lambda}^{t+1}$； 步骤 5：$\mu^{t+1} = \beta\mu^t$ ，$t = t+1$ 。 输出：$\boldsymbol{\alpha}^{t+1}$ 。

4.4　本章小结

本章主要介绍了求解稀疏表示优化算法中的约束优化方法，具体包括梯度投影算法、内点法及交替方向法，以上三种方法是求解稀疏表示的常见方法。

参 考 文 献

[1] Figueiredo M A T , Nowak R D , Wright S J . Gradient projection for sparse reconstruction: application to compressed sensing and other inverse problems[J]. IEEE Journal of Selected Topics in Signal Processing, 2008, 1(4):586-597.

[2] Boyd S, Vandenberghe L. Convex optimization[M]. Cambridge Univ. Press, 2009.

[3] Barzilai J, Borwein J. Two point step size gradient methods[J]. IMA Journal of Numerical Analysis, 1988, 8:141–148.

[4] Parikh N, Boyd S. Proximal algorithms[J]. Foundations & Trends in Optimization, 2013,1(3): 123–231.

[5] Kim S J, Koh K, Lustig M, Boyd S, Gorinevsky D. An interiorpoint method for large-scale l_1-regularized least squares[J]. IEEE journal of Selected Topics Signal Processing, 2007, 1(4): 606–617.

[6] Portugal L F, Resende M G C, Veiga G, et al. A truncated primal-infeasible dual-feasible network interior point method[J]. Networks, 2000, 35(2): 91–108.

[7] Koh K , Kim S J , Boyd S . An Interior-Point Method for Large-Scale l_1 -Regularized Logistic Regression[M]. JMLR.org, 2007.

[8] Wright S J. Primal-dual interior-point methods[M]. Philadelphia, PA, USA: SIAM, 1997.

[9] Yang J, Zhang Y. Alternating direction algorithms for l_1-problems in compressive sensing[J]. SIAM Journal on Scientific Computing, 2011, 33(1): 50–278.

[10] Boyd S , Parikh N , Chu E , et al. Distributed Optimization and Statistical Learning via the Alternating Direction Method of Multipliers[J]. Foundations & Trends in Machine Learning, 2010, 3(1):1-122.

第 5 章　稀疏表示中的字典学习

在稀疏表示模型中，对信号表示能力起到关键作用的是用于表示信号的基向量，也叫作字典。传统的字典构造方法采用一些信号变换技术来产生字典，例如傅里叶变换、离散余弦变换、Gabor 变换、小波变换等，根据信号的特点人为地选择变换的具体形式。但是，基于正交变换的稀疏表示局限较多，并不能得到满意的稀疏表示结果。为了提高字典对信号的表示能力，最简单的方法是增加字典中的原子个数，从而在稀疏表示时具有更大的选择余地。因此，基于超完备冗余字典进行稀疏表示开始引起科研人员的广泛关注。采用超完备冗余字典，而不是正交基对信号进行表示，不仅可以保证更高的稀疏度，而且在捕捉信号主要结构时更为灵活。根据在字典构造方法中是否利用了信号的类别信息，大部分字典学习方法可以分为无监督的学习方法和有监督的学习方法两类。无监督的方法中使用的初始样本是不区分类别信息的，通常是从所有训练样本中随机选择一部分作为初始的字典。而有监督的学习方法在初始化字典的过程中就加入样本的类别信息。本章主要介绍无监督字典学习方法，有监督字典学习方法在后续章节介绍。

5.1　字典学习的数学描述

字典学习过程就是利用已知的样本学习到构成字典的一组原子，使其能够满足对于信号的重构误差和稀疏性的要求。图 5-1 直观地解释了在字典学习过程中的已知数据和未知的待求参数。其中矩阵 $\boldsymbol{Y}$ 是由已知样本构造的，$\boldsymbol{D}$ 是待学习到的字典矩阵，$\boldsymbol{X}$ 是已知样本在字典 $\boldsymbol{D}$ 上的稀疏表示。

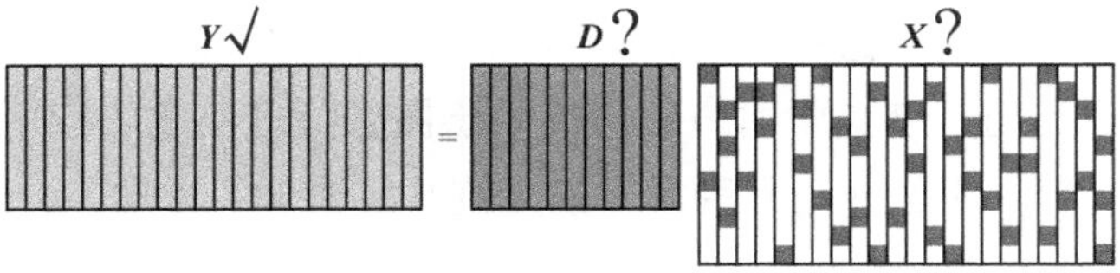

图 5-1　字典学习的直观解释

具体地，假设 $\boldsymbol{Y}=\{\boldsymbol{y}_1,\boldsymbol{y}_2,\cdots,\boldsymbol{y}_N\}\in\mathbf{R}^{n\times N}$ 为已知的 N 个 n 维训练样本，那么字典学习可以看作下式的优化问题：

$$g_N(\boldsymbol{D}) \triangleq \frac{1}{N}\sum_{i=1}^{N}\ell_u(\boldsymbol{y}_i,\boldsymbol{D}) \tag{5-1}$$

其中 $\boldsymbol{D}=\{\boldsymbol{d}_1,\boldsymbol{d}_2,\cdots,\boldsymbol{d}_K\}\in\mathbf{R}^{n\times K}$ 为期望得到的字典矩阵，其中每一列代表一个原子。$\ell_u(\boldsymbol{y}_i,\boldsymbol{D})$ 是损失函数，可以定义为

$$\ell_u(\boldsymbol{y},\boldsymbol{D})=\min\left\{\frac{1}{2}\|\boldsymbol{y}-\boldsymbol{D}\boldsymbol{x}\|_2^2+\lambda\phi(\boldsymbol{x})\right\} \tag{5-2}$$

其中 $\boldsymbol{x}$ 是信号 $\boldsymbol{y}$ 在字典 $\boldsymbol{D}$ 下的线性表示系数，λ是控制重构误差和稀疏度的正则化参数，$\phi(\boldsymbol{x})$ 是关于 $\boldsymbol{x}$ 的约束函数。目标是字典 $\boldsymbol{D}$ 在能够表示信号的前提下，尽可能地得到线性表示系数的稀疏解。式（5-2）写成矩阵形式为

$$\{\boldsymbol{X},\boldsymbol{D}\}=\arg\min\{\|\boldsymbol{Y}-\boldsymbol{D}\boldsymbol{X}\|_F^2+\lambda\phi(\boldsymbol{X})\} \tag{5-3}$$

其中 $\boldsymbol{X}=\{\boldsymbol{x}_1,\boldsymbol{x}_2,\cdots,\boldsymbol{x}_i,\cdots,\boldsymbol{x}_N\}\in\mathbf{R}^{K\times N}$，$\boldsymbol{x}_i$ 是第 i 个样本的系数向量，λ是正则化参数。求解式（5-3）有两个未知变量，因此该式是非凸的，但是当固定其中一个变量优化另一个变量时，函数是凸函数。所以，可以使用交替迭代的方法求解式（5-3），具体为将优化过程分为两个阶段：

（1）稀疏编码阶段，即固定字典矩阵 $\boldsymbol{D}$，求解样本在 $\boldsymbol{D}$ 下的稀疏表示系数：

$$\boldsymbol{X}=\arg\min_{\boldsymbol{X}}\{\|\boldsymbol{Y}-\boldsymbol{D}\boldsymbol{X}\|_F^2+\lambda\phi(\boldsymbol{X})\} \tag{5-4}$$

此时，问题转化为稀疏表示问题。

（2）字典更新阶段，即固定系数矩阵 $\boldsymbol{X}$，对字典中的原子进行更新：

$$\boldsymbol{D}=\arg\min_{\boldsymbol{D}}\{\|\boldsymbol{Y}-\boldsymbol{D}\boldsymbol{X}\|_F^2+\lambda\phi(\boldsymbol{X})\} \tag{5-5}$$

此时，式（5-5）是一个凸优化问题，可以通过求解极值等方法来计算。然后，通过交替优化式（5-4）和式（5-5）来得到一个满意的字典学习结果。

5.2 无监督字典学习

无监督字典学习方法即在利用已知样本进行字典学习时，不考虑样本的标签信息，而将所有样本统一进行学习，其目标是构建一个对全体训练样本重构误差最小化的字典。无监督字典学习方法广泛用于图像处理问题的应用中，例如图像压缩、图像去噪等。下面介绍几种常见的无监督字典学习方法。

5.2.1 最优方向算法

最优方向算法（Method of Optimal Directions，MOD）是由 Engan 等人于 1999 提出的字典学习方法[1]，也是最早的字典学习方法之一。MOD 方法中稀疏度的约

束项是基于 l_0 范数的，在稀疏编码阶段采用 OMP 算法，在字典更新阶段求解最小二乘问题。具体的目标函数定义为

$$\min \|\boldsymbol{Y}-\boldsymbol{D}\boldsymbol{X}\|_F^2 ,\quad \text{s.t.} \sum_i \|\boldsymbol{x}_i\|_0 \leqslant T_0 \tag{5-6}$$

在交替优化更新字典矩阵 $\boldsymbol{D}$ 时，定义整体表示均方误差：

$$\|\boldsymbol{E}\|_F^2 = \|[\boldsymbol{e}_1,\boldsymbol{e}_2,\cdots,\boldsymbol{e}_N]\|_F^2 = \|\boldsymbol{Y}-\boldsymbol{D}\boldsymbol{X}\|_F^2 \tag{5-7}$$

然后采用最小均方误差更新字典：

$$\boldsymbol{D}^{k+1} = \boldsymbol{Y}(\boldsymbol{X}^k)^{\mathrm{T}}(\boldsymbol{X}^k(\boldsymbol{X}^k)^{\mathrm{T}})^{-1} \tag{5-8}$$

MOD 算法的特点是由于目标函数是非凸的，得到的解不一定是整体最优解，且 MOD 系数更新阶段涉及矩阵求逆大大增加了算法的计算复杂度，在数据量较大时，对存储的要求也比较高。

算法 5-1　MOD 算法

输入：训练样本集 $\boldsymbol{Y}=\{\boldsymbol{y}_i\}_{i=1}^N$，字典原子个数 K。

输出：字典 $\boldsymbol{D}\in \mathbf{R}^{n\times K}$ 。

初始化：随机构造一个字典初值 $\boldsymbol{D}^{(0)}\in \mathbf{R}^{n\times K}$ ，进行列归一化，设置迭代次数 k=1。

循环以下步骤直到满足迭代终止条件。

步骤 1：利用 OMP 算法求解稀疏系数

$$\min \sum_i \|\boldsymbol{x}_i\|_0 \quad \text{s.t.} \quad \|\boldsymbol{Y}-\boldsymbol{D}\boldsymbol{X}\|_F^2 \leqslant \varepsilon$$

步骤 2：更新字典

$$\boldsymbol{D}^{k+1} = \boldsymbol{Y}(\boldsymbol{X}^k)^{\mathrm{T}}(\boldsymbol{X}^k(\boldsymbol{X}^k)^{\mathrm{T}})^{-1}$$

步骤 3：更新迭代次数

$$k=k+1$$

迭代结束。

5.2.2　K-SVD 算法

为了减少 MOD 算法的复杂度，提高字典学习的效率，Aharon 和 Elad 等人提出了 K-SVD 算法[2]。K-SVD 字典学习方法的目标函数和 MOD 算法一样，稀疏度约束都是基于 l_0 范数的。但字典的更新过程与 MOD 算法不同，不是对整个字典一次更新，而是采用奇异值分解（Singular Value Decomposition，SVD）思想对字典原子逐个更新，通过选取残差奇异值分解后的主分量来代替原来的原子，提高了字典原子对信号的描述能力。

在更新第 k 个原子时，首先计算移除该原子后信号重构的误差矩阵 $\boldsymbol{E}_k$：

$$\boldsymbol{E}_k = \boldsymbol{Y} - \sum_{j \neq k} \boldsymbol{d}_j \boldsymbol{x}^j \tag{5-9}$$

其中，$\boldsymbol{d}_j$ 为字典中的第 j 个原子，$\boldsymbol{x}^j$ 表示系数矩阵 $\boldsymbol{X}$ 的第 j 行。定义向量 $\boldsymbol{\omega} \in \mathbf{R}^{1\times N}$：

$$\boldsymbol{\omega}(i) = \begin{cases} 1, & \boldsymbol{X}_{k,i} \neq 0 \\ 0, & \text{其他} \end{cases} \tag{5-10}$$

为了保证系数向量在更新之后的稀疏性保持不变，在更新 $\boldsymbol{d}_j$ 时只使用了部分训练样本，即 $\boldsymbol{E}_k^R = \boldsymbol{E}_k(:,\boldsymbol{\omega})$ 求解：

$$\min_{\boldsymbol{d}_k, \boldsymbol{X}_R^k} \| \boldsymbol{E}_k^R - \boldsymbol{d}_k \boldsymbol{X}_R^k \|_F^2 \quad \text{s.t.} \ \| \boldsymbol{d}_k \|_2^2 = 1 \tag{5-11}$$

式（5-11）可以直接通过奇异值分解进行求解，即 $\boldsymbol{E}_k^R = \boldsymbol{U} \Delta \boldsymbol{V}^{\mathrm{T}}$。更新原子 $\boldsymbol{d}_k = \boldsymbol{u}_1$，同时更新系数矩阵 $\boldsymbol{X}^k(\boldsymbol{\omega}) = \Delta(1,1)\boldsymbol{v}_1$，$u_1$ 和 v_1 分别表示 $\boldsymbol{U}$ 和 $\boldsymbol{V}$ 的第一列。详细步骤如算法 5-2 所示。

算法 5-2　K-SVD 算法

输入：训练样本集 $\boldsymbol{Y} = \{\boldsymbol{y}_i\}_{i=1}^N$，字典原子个数 K。

输出：字典 $\boldsymbol{D} \in \mathbf{R}^{n\times K}$。

初始化：随机构造一个字典初值 $\boldsymbol{D}^0 \in \mathbf{R}^{n\times K}$，进行列归一化，设置迭代次数 k=1。

循环直到满足迭代终止条件。

步骤 1：利用 OMP 算法对训练样本 $\boldsymbol{Y}$ 进行稀疏编码，得到稀疏系数矩阵 $\boldsymbol{X} = \{\boldsymbol{x}_i\}_{i=1}^N$：

$$\min \sum_i \| \boldsymbol{x}_i \|_0 \quad \text{s.t.} \ \| \boldsymbol{Y} - \boldsymbol{D}\boldsymbol{X} \|_F^2 \leqslant \varepsilon$$

步骤 2：更新字典，对字典中的原子逐个更新；

For k=1：K

① $\boldsymbol{d}_k$ 为当前要进行更新的原子，记 $I_k = \{i \mid \boldsymbol{x}_i(k) \neq 0, 1 \leqslant i \leqslant N\}$，$x_i(k)$为 $\boldsymbol{x}_i$ 中的第 k 个元素，则 I_k 表示所有样本中使用到第 k 列原子 $\boldsymbol{d}_k$ 的索引；

② 用 $\hat{\boldsymbol{D}}$ 表示去除第 k 个原子后的字典，$\hat{\boldsymbol{X}}$ 表示去除第 k 行系数以后的系数矩阵，然后计算样本的误差矩阵 $\boldsymbol{E}_k = \boldsymbol{Y} - \hat{\boldsymbol{D}}\hat{\boldsymbol{X}}$，$\boldsymbol{E}_k$ 表示去除第 k 个原子后样本的重构误差；

③ 根据 I_k 中的索引值选取 $\boldsymbol{E}_k$ 中相应的列向量，构成新的误差矩阵 $\boldsymbol{E}_k^R$，并对 $\boldsymbol{E}_k^R$ 进行奇异值分解 $\boldsymbol{E}_k^R = \boldsymbol{U}\Delta\boldsymbol{V}^{\mathrm{T}}$；

④ 取矩阵 $\boldsymbol{U}$ 中的第一列，即最大特征值对应的特征向量作为更新后的原子向量，并更新相应的系数矩阵。

End

步骤 3：更新迭代次数

$$k=k+1$$

满足迭代终止条件后迭代结束。

K-SVD 字典学习方法也分为两个阶段，即系数更新阶段和字典更新阶段。它在学习过程中采用交替迭代的方法，首先是系数更新，更新系数时通过固定当前字典将优化问题转化为稀疏分解问题，此时可使用正交匹配追踪等算法来实现。更新字典时首先固定当前系数，然后计算除当前原子之外的字典对原信号的表示残差，再通过奇异值分解残差矩阵，选取最大特征值对应的特征向量作为新的原子，此时新的原子将包含残差矩阵中的主分量，因此可保证总的残差是下降的趋势。

5.2.3　在线字典学习

前面介绍的 MOD 和 K-SVD 算法可以通过对训练样本的学习得到一个重构误差最小化的字典，但是这类方法普遍存在一个缺点，即当训练样本规模较大时，字典学习的过程是非常耗时的。针对这个问题，J. Mairal 将在线学习的思想引入字典学习方法中即在线字典学习（online dictionary learning，ODL）[3]算法。该方法使用 l_1 范数作为稀疏约束项，每次更新迭代时仅从样本集中选择一个样本用于训练，经过交替迭代若干次就可以得到一个满意的字典。

具体地，对于训练样本 $\boldsymbol{y}_i$，ODL 算法的目标函数为

$$\min_{\boldsymbol{\alpha}}\{\|\boldsymbol{y}_i-\boldsymbol{D}^{t-1}\boldsymbol{\alpha}\|_2^2+\lambda\|\boldsymbol{\alpha}\|_1\} \tag{5-12}$$

其中 $\boldsymbol{D}^{t-1}$ 是前一次迭代得到的字典，式（5-12）利用最小角度回归（Least Angle Regression）算法进行稀疏编码，得到系数向量$\boldsymbol{\alpha}$。详细步骤如算法 5-3 所示。

算法 5-3　在线字典学习算法

输入：训练样本集 $\boldsymbol{Y}=\{\boldsymbol{y}_i\}_{i=1}^N$，迭代次数 T。

输出：字典 $\boldsymbol{D}\in\boldsymbol{R}^{n\times K}$。

初始化：$\boldsymbol{A}_0=\boldsymbol{0}$，$\boldsymbol{B}_0=\boldsymbol{0}$，随机构造一个字典初值 $\boldsymbol{D}^0\in\mathbf{R}^{n\times K}$，进行列归一化，设置迭代次数 $t=1$。

对于 $t=1$：T

步骤 1：从样本中取 $\boldsymbol{y}_i$，求解稀疏系数

$$\boldsymbol{\alpha}_t=\min_{\boldsymbol{\alpha}}\{\|\boldsymbol{y}_i-\boldsymbol{D}^{t-1}\boldsymbol{\alpha}\|_2^2+\lambda\|\boldsymbol{\alpha}\|_1\}$$

步骤 2：更新矩阵 $\boldsymbol{A}$，$\boldsymbol{B}$

$$A_t = A_{t-1} + \alpha_t \alpha_t^{\mathrm{T}}$$
$$B_t = B_{t-1} + y_i \alpha_t^{\mathrm{T}}$$

步骤 3：更新字典 D^t

$$\begin{aligned} D^t &= \arg\min \left\{ \frac{1}{t} \sum_{i=1}^{t} \frac{1}{2} \| y_i - D\alpha_t \|_2^2 + \lambda \| \alpha_t \|_1 \right\} \\ &= \arg\min \frac{1}{t} \left(\frac{1}{2} \mathrm{tr}(D^{\mathrm{T}} D A_t) - \mathrm{tr}(D^{\mathrm{T}} B_t) \right) \end{aligned}$$

步骤 4：更新迭代次数

$$t=t+1$$

满足迭代终止条件后迭代结束。

与其他方法相比，在线字典学习方法在处理大规模数据时更快速、更有效。J. Mairal 在文献中证明了 ODL 算法的收敛性，给出的实验结果表明 ODL 算法比批量处理的字典学习算法收敛速度更快，能够实现百万级大规模样本的字典学习。同时 ODL 方法融合了在线学习的思想，能够对新增的样本进行不断学习，具有更强的实用性和动态性。

5.2.4 带有约束条件的无监督字典学习算法

随着研究的深入，人们发现在字典学习过程中，增加对原子的约束条件可以得到表示能力更强的字典。例如对字典原子增加单位范数约束、非相关性约束、局部性约束等。增加约束条件的字典学习优化问题相当于在式（5-3）中增加一项正则化项的约束：

$$\{X, D\} = \arg\min \{ \|Y - DX\|_F^2 + \lambda_1 \phi(X) + \lambda_2 \Phi(D) \} \tag{5-12}$$

其中，λ_1 和 λ_2 是正则化参数，$\phi(X)$ 表示 X 的约束函数，$\Phi(D)$ 表示对字典的约束条件。以局部性约束条件为例，比较著名的方法是局部约束线性编码（Locality-constrained Linear Coding，LLC）[4]。该方法的核心思想是仅利用字典中的局部原子对信号进行表示，而不是字典中的全体原子，因此满足了局部性也就满足了稀疏性，但是反之却不成立。

具体地，假设 $Y = \{y_1, y_2, \cdots, y_N\} \in \mathbf{R}^{n \times N}$ 是从样本中提取的特征描述矩阵，$D = \{d_1, d_2, \cdots, d_N\} \in \mathbf{R}^{n \times N}$ 表示待学习的字典矩阵。LLC 算法的目标函数可以定义为

$$\begin{aligned} &\{x_i, D\} = \arg\min \left\{ \sum_{i=1}^{N} \| y_i - D x_i \|_2^2 + \lambda \| b \odot x_i \|_2^2 \right\} \\ &\text{s.t.}\ \ l^{\mathrm{T}} x_i = 1,\ \ i = 1, 2, \cdots, N \end{aligned} \tag{5-13}$$

其中，$\odot$ 表示矩阵的点乘运算，$\boldsymbol{x}_i$ 是对特征向量 $\boldsymbol{y}_i$ 的编码，$\boldsymbol{l} \in \mathbf{R}^{N\times 1}$ 定义为一个全 1 的列向量。向量 $\boldsymbol{b}$ 表示样本与字典原子间的欧氏距离度量，定义为

$$\boldsymbol{b} = \exp\left(\frac{\text{dist}(\boldsymbol{y}_i, \boldsymbol{D})}{\sigma}\right) \tag{5-14}$$

式（5-14）中，$\text{dist}(\boldsymbol{y}_i, \mathbf{D}) = [\text{dist}(\boldsymbol{y}_i, \boldsymbol{d}_1), \cdots, \text{dist}(\boldsymbol{y}_i, \boldsymbol{d}_N)]$ 表示 $\boldsymbol{y}_i$ 与原子 $\boldsymbol{d}_i$ 直接的距离值，σ 为设定的参数值。LLC 方法通过引入局部约束的正则化项 $\lambda \| \boldsymbol{b} \odot \boldsymbol{x}_i \|_2^2$ 代替了原始的 l_1 范数约束，从而降低了算法的计算复杂度，取得了较好的效果。

5.3　有监督字典学习

虽然无监督字典学习方法能够得到重构误差最小的字典，但是由于没有利用样本的标签信息，所以字典的判别能力比较弱，有监督字典学习方法在字典学习的目标函数中利用样本的标签信息，引入判别策略，从而得到具有判别和表示能力的字典。有监督字典学习方法通常用于解决分类问题，因此具体的有监督字典学习方法将在下一章中详细介绍。

5.4　本章小结

本章主要介绍了在稀疏表示模型中字典学习算法的发展过程，详细介绍了字典学习问题的数学描述以及几种经典的无监督字典学习方法。这些算法在图像复原、图像去噪、图像压缩等领域有着广泛的应用。

参 考 文 献

[1] Engan K, Aase S, Hakon H J. Method of optimal directions for frame designs[C]//Proceedings of the International Conference on Acoustics. Speech and Signal Processing, 1999, 5:2443-2446.

[2] Aharon M, Elad M, Bruckstein A, Katz Y. K-SVD: an algorithm for designing overcomplete dictionaries for sparse representation[J]. IEEE Trans.Signal Process, 2006, 54(11):4311-4322.

[3] Mairal J , Bach F , Ponce J , et al. Online Learning for Matrix Factorization and Sparse Coding[J]. Journal of Machine Learning Research, 2009,

11(1):19-60.

[4] Wang J, Yang J, Yu K, Lv F, Huang T, Gong Y. Locality constrained linear coding for image classification[C]//Proceedings of IEEE Conference on Computer Vision and Pattern Recognition. 2010:3360-3367.

第 6 章　稀疏表示在图像分类中的应用

模式分类是人类的一项基本能力，我们能够根据不同人的面部特征而辨识人脸，能够根据学习到的知识把不同的物体分门别类，能够通过说话人的语音语调来区分他们，等等。在日常生活中，人们每时每刻都在进行着“模式分类”的动作，并且，随着年龄的增长和经验的增加，人类的这种“模式分类”能力也在随之修正和提高。然而，这种在人类看来是自然而然习得的能力，实际上是外界刺激通过大脑内部的神经元经过一系列复杂的信息传递和分析处理而得到的。随着 20 世纪 40 年代计算机的出现及 50 年代人工智能学科的兴起，人们开始希望能够利用计算机来代替人类完成一些“模式分类”的动作，使计算机能够具有像人类一样的辨别和区分不同事物的能力。

随着多媒体技术的发展，大量的多媒体信息随之产生。其中，图像数据作为一种非常重要的视觉信息的载体，以其表达直观、内容丰富等特点在各行各业中被广泛使用。根据图像类型的不同，可以将其分为自然图像、人脸图像、指纹图像、遥感图像、医学图像等，每一种图像类型都对应了一个特定的应用场景，并且每一种图像数据都具有其自身的特性，在模式分类的过程中都要具体分析。如何让计算机理解图像内容从而更有效地管理和组织数据是图像分类技术急需解决的一个问题。长期以来，科学家们已经提出了很多有效的模式识别学习的理论和方法来解决图像分类问题，其中主要有统计模式识别理论[1-3]、结构模式识别理论[4,5]、模糊模式识别理论[6,7]和神经网络模式识别理论[8,9]。

一个典型的有监督的图像分类系统包括学习过程和判决过程。学习过程通常由数据采集、数据处理、特征提取和分类决策等部分组成，如图 6-1 所示。其中，特征提取和分类决策是两个极其关键的步骤，也是研究图像分类方法时要解决的关键问题。

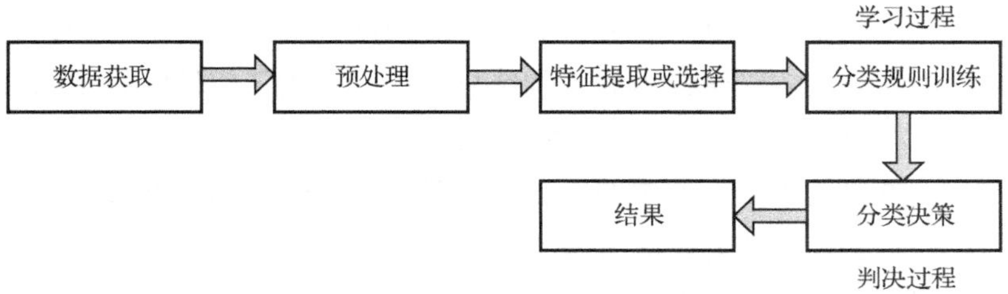

图 6-1　有监督的图像分类系统的基本组成

图像信号本质上可以看作关于一组基向量的稀疏表示，而稀疏表示是获得、表示和压缩图像信号的一种强有力的工具。在文献[10]中，稀疏表示理论首次应用于解决图像分类问题。在该论文中，作者提出了基于稀疏表示理论的分类方法，成功地将其应用在了人脸识别问题上，尤其对于有噪声的样本和有遮挡的人脸图像都取得了比较好的结果。实际上，基于稀疏表示的分类方法可以看作基于线性表示分类方法中的一种。

6.1 线性表示分类方法

根据在特征空间中，同类样本可以互相线性表示的性质，Stan. Z. Li 等人提出了最近邻特征线（Nearest Feature Line，NFL）的方法，并成功地将其应用在了人脸识别[11]和语音分类[12]问题上，之后又给出了该方法的理论证明[13]。该算法利用在特征空间中，同一类的样本中任意两个样本能够确定一条直线，这条直线就代表这一类样本对应的特征线（Feature Line）。通过计算待分类样本点到所有特征线的距离，以具有最小距离的特征线所对应的训练样本类别作为测试样本的分类结果。最近邻特征线方法可以看作最近邻（Nearest Neighbor）方法的一种几何扩展，在最近邻特征线方法中，作者利用特征线的方式扩展了训练样本对于测试样本的表达能力，具有最小距离的特征线实际上表明了构成该条特征线的两个样本能够通过线性表达的方式最大限度地对测试样本来近似表示。虽然最近邻特征线方法的思想简单，但是该方法已经被应用在了模式识别领域的多个问题上。例如目标识别[14]、蛋白质分类[15]、子空间学习[16,17]及特征提取[18]等。尽管最近邻特征线方法在模式分类的多个领域都取得了令人瞩目的成果，但是利用特征线作为样本的扩展还是有局限性的。为了扩大样本的可利用性，增强已有样本的表达能力，最近邻特征面（Nearest Feature Plane，NFP）[19]方法被提出。该方法利用了在特征空间中，任意不在一条直线的三点可以确定一个超平面，叫作特征面（Feature Plane），利用这个特征面代替原始的三个样本点，这样在空间表示上增强了样本点的表达能力。通过计算测试样本到所有特征面的投影距离，根据距离最近的构成特征面的训练样本类别来确定测试样本的判别结果。同样，为了将训练样本的表达能力扩展到空间中，最近邻特征子空间（Nearest Feature Subspace，NFS[18-21]）的方法应运而生。该方法利用同一类中的所有样本确定一个子空间，通过计算所有子空间对于测试样本的表示能力，具有最小的重构误差的那个子空间则认为是由与测试样本同类的训练样本构成的。以上三种方法是最典型也是最基本的线性表示分类方法，它们都以同类样本之间具有相互线性表示的能力为前提，逐步扩大训练样本的表达能力。

此外，研究者们基于以上三种方法提出了很多改进方法。文献[22]提出了最近邻特征中点（Nearest Feature Midpoint，NFM）的方法，该方法将原始特征空间中两个样本的均值样本作为新的样本，即特征中点，通过比较测试样本与所有特征中点的距离来判断测试样本的类别。文献[23]中提出了最短特征线段方法（Shortest Feature Line Segment，SFLS），该方法以构成特征线的两个样本距离为直径作圆，如果测试样本落在了圆中则将构造这个圆的直径线段选中，通过计算测试样本到所有被选中的线段的距离作为判别准则。在文献[24]中，作者提出了最近邻线（Nearest Neighbor Line，NNL）和最近邻面（Nearest Neighbor Plane，NNP）方法，这两个方法只计算与测试样本距离最近的训练样本所构成的特征线和特征面，以此来减少特征线和特征面的数量，降低了算法的时间消耗。文献[15]中提出了基于中心的最近邻分类方法（Center-based Nearest Neighbor，CNN），该方法中构成特征线的不是原始的任意两个样本，而是类的中心点与类中任意样本构成的特征线，然后再计算测试样本到特征线的距离。

综上所述我们可以看到，无论是基本的三种最近邻特征方法，还是在其基础上的改进方法，着眼点都是在于扩展同类样本的表示能力。即无论使用特征线还是特征面的方法来表示测试样本，构造特征线、特征面和特征空间的样本均来自同一类别。那么如果在模型中增加了多个类别的样本，是否会提高模型的表示能力呢？在不同类别样本的竞争中，能否会使正确类别样本的表示能力更突出呢？基于稀疏表示的分类模型的出现开始让人们思考这些问题。

6.2　稀疏表示分类

2009 年，Wright 等人首次将稀疏表示理论用于解决分类问题，提出了一种基于稀疏表示的分类模型（Sparse Representation Classification，SRC）[10]，并成功用于解决人脸识别问题。在该方法中，构造字典的并不是前面举例的标准基向量，也不是像最近邻特征分类方法那样使用具体的某一类样本，而是由所有类别的训练样本构成了一个过完备的字典。对于一个未知类别信息的测试样本，它应该只能由字典中的一小部分基向量来线性表示，而这一小部分基向量正是与其位于同一个子空间的同类样本。这种对于测试样本的线性表示显然是稀疏的，因为它只与字典当中的一小部分基向量相关。这样就把在传统模式分类问题中寻找判别信息的过程转化为求解稀疏线性表示的问题。

6.2.1 问题描述

稀疏表示分类模型的假设条件是属于同一类的样本应该位于同一个子空间中。所以理想情况下，来自某一个类中的测试样本应该能够由来自同一类的训练样本线性表示，并且与其他类别的样本没有关系。因此，如果将所有类别的训练样本当作基向量构成字典，那么任一个测试样本都可以利用此字典进行稀疏线性表示。

事实上，基于线性表示的分类模型在模式识别领域一直存在，从最初的最近邻分类，发展为最近邻特征线分类、最近邻特征面分类及最近邻子空间分类。而这些分类模型与稀疏表示分类模型的根本区别在于用“谁”来表示。传统的方法在对测试样本进行线性表示时使用的都是某一个样本，或者是同类中的某几个样本。稀疏表示分类模型的优势就在于使用所有的训练样本来对测试样本进行表示，通过对线性系数稀疏性的限制来得到正确的表示方式。

稀疏表示分类模型具体可以描述为：假设第 i 类样本中有 n_i 个训练样本，每个训练样本是一个 m 维的向量 $\boldsymbol{f}_{i,j}(j=1,2,\cdots,n_i)$，按照列排列可以得到一个矩阵：

$$\boldsymbol{F}_i=[\boldsymbol{f}_{i,1},\boldsymbol{f}_{i,2},\cdots,\boldsymbol{f}_{i,n_i}]\in\mathbf{R}^{m\times n_i} \tag{6-1}$$

那么对于任意一个同样属于第 i 类的测试样本 $\boldsymbol{y}\in\mathbf{R}^m$ 则可以近似地由这 n_i 个训练样本线性表示为

$$\boldsymbol{y}=\alpha_{i,1}\boldsymbol{f}_{i,1}+\alpha_{i,2}\boldsymbol{f}_{i,2}+\cdots+\alpha_{i,n_i}\boldsymbol{f}_{i,n_i}=\boldsymbol{F}_i\boldsymbol{\alpha}_i \tag{6-2}$$

其中 $\boldsymbol{\alpha}_i=[\alpha_{i,1},\alpha_{i,2},\cdots,\alpha_{i,n_i}]^{\mathrm{T}}$ 表示线性表示的系数向量。由于测试样本 $\boldsymbol{y}$ 的类别信息是未知的，所以我们将所有类别的 N 个训练样本进行串联构成一个新的矩阵 $\boldsymbol{F}$：

$$\boldsymbol{F}=[\boldsymbol{F}_1,\boldsymbol{F}_2,\cdots,\boldsymbol{F}_i,\cdots,\boldsymbol{F}_c] \tag{6-3}$$

其中 $i=1,2,\cdots,c$，c 是样本类别数，$N=\sum_{i=1}^{c}n_i$。此时，测试样本 $\boldsymbol{y}$ 可以表示为

$$\boldsymbol{y}=\boldsymbol{F}\boldsymbol{\alpha}\in\mathbf{R}^m \tag{6-4}$$

式中理想情况下系数向量 $\boldsymbol{\alpha}=[0,0,\cdots,\boldsymbol{\alpha}_i,\cdots,0]^{\mathrm{T}}$ 中只有第 i 类训练样本所对应的系数是非零的，其余值都为零。此时，式（6-4）就是一个基本的稀疏表示求解问题，可以通过如下的优化问题进行求解：

$$\boldsymbol{\alpha}=\arg\min_{\boldsymbol{\alpha}}\{\|\boldsymbol{y}-\boldsymbol{F}\boldsymbol{\alpha}\|_2+\lambda\|\boldsymbol{\alpha}\|_1\} \tag{6-5}$$

式中 λ 是一个非负的参数，称为正则化参数。式（6-5）是一个典型的凸优化问题，其中表达式的第一项是误差项，第二项是对系数向量的稀疏性进行限制的正则化项。稀疏表示分类模型的形象化解释如图 6-2 所示。其中同一颜色的列向量属于同一类，在线性系数 $\boldsymbol{\alpha}$ 中，只有与测试样本同类的训练样本所对应的系数为非零值，其余系数都为零。如图 6-3 所示是将稀疏表示分类应用于人脸识别的一个例子，左

侧的人脸图像是测试样本，右侧的系数向量是通过求解式（6-5）而得到的，从图示可以看出系数向量是稀疏的，其中数值比较大的分量所对应的训练样本与测试样本来自同一类别。

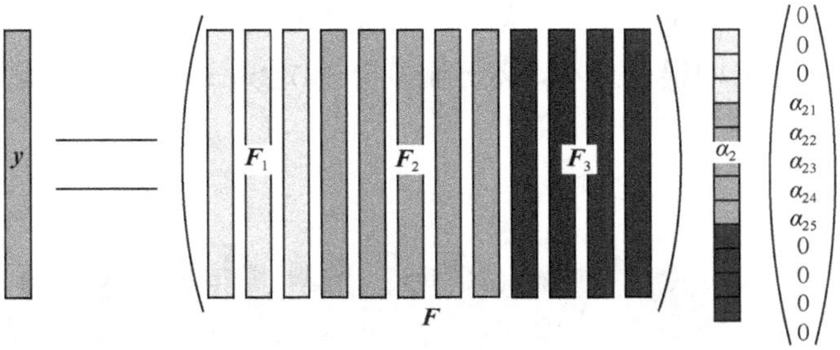

图 6-2　稀疏表示分类模型的图示解释

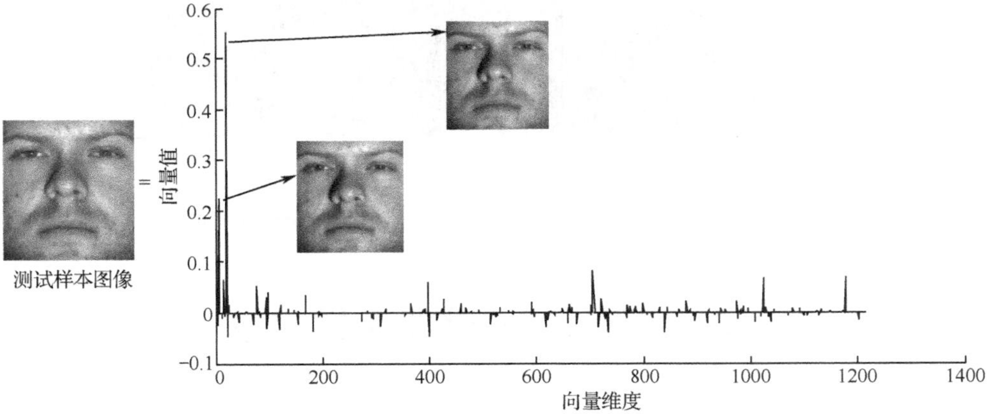

图 6-3　稀疏表示在人脸识别中的应用

6.2.2　分类准则

系数向量 $\boldsymbol{\alpha}$ 求得后，判断测试样本所属类别的准则是根据哪一个类的训练样本能够最好地对测试样本进行重构。首先定义变量 $\boldsymbol{\delta}_i(\boldsymbol{\alpha})$，表示为向量 $\boldsymbol{\alpha}$ 中，只保留第 i 类训练样本所对应的系数值，其余系数值均设为零。如图 6-2 所示，只有一种颜色的基向量对应的系数被保留。此时，表达式 $\boldsymbol{F}\boldsymbol{\delta}_i(\boldsymbol{\alpha})$就表示为使用第 i 类训练样本所得到的对测试样本的近似表示。那么，测试样本 $\boldsymbol{y}$ 在第 i 类训练样本上的重构误差可以定义为

$$E_i(\boldsymbol{y}) = \| \boldsymbol{y} - \boldsymbol{F}\boldsymbol{\delta}_i(\boldsymbol{\alpha}) \|_2 \tag{6-6}$$

对测试样本求出其在所有单类训练样本上的重构误差构成向量 $\boldsymbol{E}=[E_1,E_2,\cdots,$

$E_i,\cdots,E_c$]。在所有单类误差中，重构误差最小的那一类即为测试样本的类别结果。

$$d(\boldsymbol{y}) = \arg\min E_i(\boldsymbol{y}) \tag{6-7}$$

对于图 6-3 中的例子，求得系数向量 $\boldsymbol{\alpha}$ 后，根据式（6-6）计算出测试样本在每个类上的重构误差，如图 6-4 所示，从图中可以看出，第一类训练样本所具有的表示能力最强，得到的重构误差最小，基于此可以判定测试样本属于第一类。

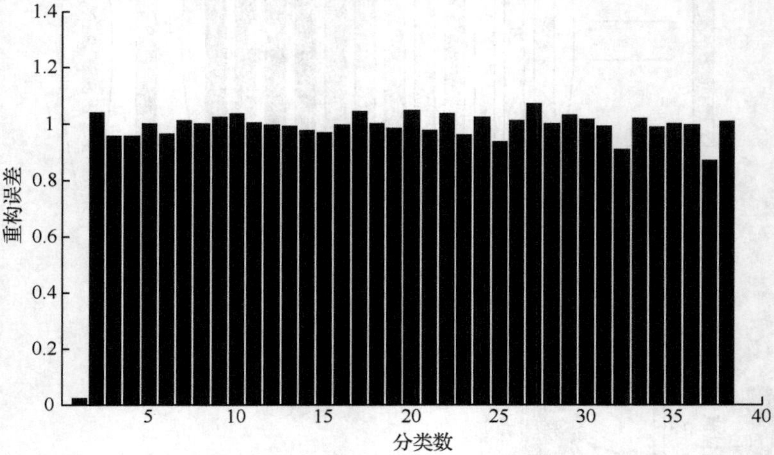

图 6-4　根据图 6-3 中的测试样本计算出其在每个类中的重构误差

6.3　稀疏表示分类的关键问题

将稀疏表示理论用于解决分类问题时，有两个关键的问题需要解决。一是如何构造用于表示训练样本的具有判别能力的字典，即对于不同类别的样本，它们的稀疏系数向量是不同的，而同类别的样本，它们的线性表示系数应该是类似的；二是如何构造正则化约束表达式及确定正则化参数，正则化项决定了系数向量的稀疏程度以及对于字典中原子的约束方式。这两个问题都是决定稀疏表示分类方法能否有效的关键。

6.3.1　面向分类问题的字典学习

在第 5 章中，我们讨论了无监督字典学习的几个经典方法，但是这种无监督的基于重构误差的字典学习方法仅考虑了样本的稀疏表达而没有利用到样本的标签信息，所以无监督的字典学习方法并不适合用于解决模式分类问题。因此，面向分类问题的字典学习方法通常采用的都是有监督的字典学习方法，即将训练样本本的类别信息加入字典学习的目标函数中。下面我们对于面向分类问题的字典学习方法进行一下回顾。

在最初的稀疏表示分类方法中，将每个训练样本通过全局的特征提取方法表示为一个字典原子，常用的有特征脸（Eigenfaces）[25]方法、Fisherfaces[26]方法、Laplacianfaces[27]方法以及这些方法的改进方法。但文献[28]指出，这些全局特征提取方法并不能很好地描述人脸样本中的光照变化、面部表情变化及位置和局部的形变，从而构造了一种基于 Gabor 特征的字典，通过使用 Gabor 特征增强字典中原子的表示能力。除了用原始样本信息或者原始样本的特征向量构造的字典外，另一类是基于学习的字典构造方法。

在第 5 章我们介绍了经典的 K-SVD 字典学习方法，但是 K-SVD 算法没有利用到样本的标签信息。于是，在 K-SVD 算法的基础上，文献[29]提出了一种判别的 K-SVD 算法，即 D-KSVD。该方法在原始的 K-SVD 算法的目标函数中加入了类别的判别信息，从而使得学习到的字典矩阵具有了判别能力。文献[30]中又通过增加了标签一致性信息，进一步增强了学习到的字典的判别能力。文献[31]中提出了一种在线的字典学习方法，在数据集比较大的情况下该方法要比 K-SVD 算法能更快速地得到学习的字典。文献[32]提出了一种多层的字典学习方法，将字典学习嵌入到树形结构中，使得学习到的字典是按照树形结构组织在一起的，其在文本分类中取得了较好的结果。文献[33]中提出了一种递归的最小二乘字典学习方法，从而减少了学习算法对字典初始化值的依赖，提高了字典的表示能力。文献[34]中利用核方法将原始的 K-SVD 算法扩展为非线性的形式，提出了核字典学习方法。文献[35]中同样利用了核方法，借助 Sterin 核，得到一个对称的正定矩阵，并在此基础上进行字典学习，实验表明该方法在人脸识别和纹理分类上都取得了较好的结果。文献[36]中提出了在更新字典和系数的过程中，加入了局部敏感性限制，从而得到了闭合解并且使得学习到的字典具有局部约束性。

之后，在原有字典学习方法的基础上增加字典的判别能力成为字典学习方法的目标。Mairal 等人提出了一种用于局部图像分析的判别字典学习方法，该方法将重构误差项和判别项统一在了一个能量最小化框架下，并且为每一个类别都构造了一个单独的字典[37][38]。Bradley 和 Bagnell 在文献[39]中提出了一种可微分的稀疏编码方法，通过利用可微分的 KL 散度来近似地表示不可微分的 l_1 范数，并在此框架下提出了一种基于误差反向传播机制的字典学习方法。Yang 等人在文献[40]中提出了一种基于图像局部特征描述子的有监督多层字典学习方法，该方法也同样使用了误差反向传播机制。在文献[41]中作者为了增加字典的判别能力，在目标函数中引入了 Fisher 判别准则，提出了基于 Fisher 判别的字典学习方法。在文献[42]

中，作者提出了一种同时对样本的判别映射和字典进行学习的方法，以期望从原始数据中提取样本的判别信息，并用于稀疏表示分类方法中。在文献[43]中，作者使用了同样的思想，将样本数据的降维过程和字典学习过程结合在一起，同时学习到用于降维的映射矩阵和用于稀疏表示的判别字典。在文献[44]中，作者提出一种双线性的判别字典学习方法，该方法将每个类别的样本在字典上的重构误差作为目标函数，并且将样本数据以及样本的编码系数同时作为判别项以使字典能够描述隐藏在编码系数中的判别信息。

此外，还有一些方法将图模型引入字典学习中。在文献[45]中，作者将基于图的随机游走方法的熵率作为目标函数，并在目标函数中加入了判别项，将字典学习的过程看作一种寻找图的拓扑结构使得目标函数值最大的过程。文献[46]中作者将一种图的线性扩展方法引入 K-SVD 算法的优化过程，使原子在优化的过程中通过使用图嵌入（Graph Embedding）技术而被重新定义，从而得到了一种更加灵活和简洁的字典学习方法。

由于有监督的字典学习方法需要足够的带有标签信息的训练样本，但在某些情况下我们只能得到部分含有标签信息的样本，而更多的是没有标签信息的样本。所以，半监督的学习方法由此产生。文献[47]中提出了一种半监督的（Semi-supervised）判别字典学习方法，即在训练样本中有一部分是包含了类别信息的，而另一部分是没有类别信息的样本，在学习的过程中将二者的信息进行融合以得到最终的字典。文献[48]中提出了一种在线的用于稀疏表示的半监督判别字典学习方法，将有标签和无标签样本的重构误差、具有判别性的稀疏编码误差和分类误差整合到同一个目标函数中用于在线学习，从而增强了字典的表示能力和判别能力。

然而，在构造字典的过程中使用基于学习的方法必然会增加算法的时间复杂度，样本越多学习的过程将越长。所以，字典对于测试样本的表示能力的增强，是以时间为代价的。对于模式分类问题来说，什么样的字典能够更好地描述测试样本，同时使不同类别样本在该字典表示下的线性系数具有差异性，仍然是稀疏表示分类模型中需要研究的关键问题。下面将详细描述几种经典的有监督字典学习方法。

1. 判别 K-SVD 算法

判别 K-SVD（D-KSVD）[49]是在 K-SVD 算法的基础上考虑样本标签信息，同时将线性预测分类误差引入目标函数中，从而得到更具有判别性的字典。具体的目标函数为

$$\langle \boldsymbol{D},\boldsymbol{W},\boldsymbol{X}\rangle = \underset{\boldsymbol{D},\boldsymbol{W},\boldsymbol{X}}{\arg\min} \|\boldsymbol{A}-\boldsymbol{DX}\|_2 + \alpha\|\boldsymbol{H}-\boldsymbol{WX}\|_2 + \beta\|\boldsymbol{W}\|_2 \quad \text{s.t.} \quad \forall i, \|\boldsymbol{x}_i\|_0 \leqslant k \tag{6-8}$$

式（6-8）中，$\boldsymbol{A}$ 是训练样本构成的矩阵，$\boldsymbol{D}$ 是待学习的字典矩阵，$\boldsymbol{X}$ 是稀疏表示系数矩阵，$\boldsymbol{x}_i$ 表示第 i 个样本的稀疏表示系数，k 表示向量中非零值的个数，α 和 β 为两个权重参数。$\|\boldsymbol{H}-\boldsymbol{WX}\|_2$ 表示线性预测分类误差，其中 $\boldsymbol{H}$ 表示训练集的标签矩阵，每一列中的非零项所在的位置表示该样本实际所属的类别，$\boldsymbol{W}$ 是要学习得到的参数矩阵。求解式（6-8）通常采用的是交替迭代的方法，即固定 $\boldsymbol{D}$、$\boldsymbol{W}$ 和 $\boldsymbol{X}$ 三个未知数中的两个，更新另一个参数的方法，但是这样收敛速度比较慢，因此文献[50]中提出了一个快速算法，将求解式（6-8）转化为求解下式：

$$\langle \boldsymbol{D},\boldsymbol{W},\boldsymbol{X}\rangle = \underset{\boldsymbol{D},\boldsymbol{W},\boldsymbol{X}}{\arg\min} \left\| \begin{pmatrix} \boldsymbol{A} \\ \sqrt{\alpha}\boldsymbol{H} \end{pmatrix} - \begin{pmatrix} \boldsymbol{D} \\ \sqrt{\alpha}\boldsymbol{W} \end{pmatrix} \boldsymbol{X} \right\|_2 + \beta\|\boldsymbol{W}\|_2 \quad \text{s.t.} \quad \forall i, \|\boldsymbol{x}_i\|_0 \leqslant k \tag{6-9}$$

式（6-9）可以通过 K-SVD 算法来进行求解。

D-KSVD 算法用于分类问题主要分为两个阶段：训练阶段和分类阶段。在训练阶段，主要目标是求出字典 $\boldsymbol{D}$ 和参数矩阵 $\boldsymbol{W}$。然后将矩阵 $\boldsymbol{D}$ 和 $\boldsymbol{W}$ 进行如下归一化：

$$\boldsymbol{D}' = [\boldsymbol{d}_1', \boldsymbol{d}_2', \cdots, \boldsymbol{d}_n'] = \left[\frac{\boldsymbol{d}_1}{\|\boldsymbol{d}_1\|_2}, \frac{\boldsymbol{d}_2}{\|\boldsymbol{d}_2\|_2}, \cdots, \frac{\boldsymbol{d}_i}{\|\boldsymbol{d}_i\|_2}, \cdots, \frac{\boldsymbol{d}_n}{\|\boldsymbol{d}_n\|_2}\right] \tag{6-10}$$

$$\boldsymbol{W}' = [\boldsymbol{w}_1', \boldsymbol{w}_2', \cdots, \boldsymbol{w}_n'] = \left[\frac{\boldsymbol{w}_1}{\|\boldsymbol{d}_1\|_2}, \frac{\boldsymbol{w}_2}{\|\boldsymbol{d}_2\|_2}, \cdots, \frac{\boldsymbol{w}_i}{\|\boldsymbol{d}_i\|_2}, \cdots, \frac{\boldsymbol{w}_n}{\|\boldsymbol{d}_n\|_2}\right] \tag{6-11}$$

$$\boldsymbol{x}_i' = \boldsymbol{x}_i \times \|\boldsymbol{d}_i\|_2 \tag{6-12}$$

其中，$\boldsymbol{d}_i$ 和 $\boldsymbol{w}_i$ 分别是矩阵 $\boldsymbol{D}$ 和 $\boldsymbol{W}$ 的第 i 列。

在分类阶段，利用学习到的 $\boldsymbol{D}'$ 和 $\boldsymbol{W}'$，求解测试样本 $\boldsymbol{y}_i$ 的稀疏系数向量为

$$\hat{\boldsymbol{x}}_i = \arg\min \|\boldsymbol{y}_i - \boldsymbol{D}'\boldsymbol{x}_i'\|_2, \ \text{s.t.} \ \|\boldsymbol{x}_i'\|_0 \leqslant k \tag{6-13}$$

根据求出的系数向量 $\hat{\boldsymbol{x}}_i$，利用下式求出样本 $\boldsymbol{y}_i$ 的标签类别：

$$label = \boldsymbol{W}' \times \hat{\boldsymbol{x}}_i \tag{6-14}$$

D-KSVD 算法的优势在于利用 K-SVD 算法同时求出字典矩阵 $\boldsymbol{D}$ 和参数矩阵 $\boldsymbol{W}$，然后利用正交匹配追踪算法求出稀疏系数，并最终得到样本的标签类别。

2．标签一致的 K-SVD 算法

标签一致的 K-SVD 算法（Label Consistent KSVD，LC-KSVD）[50][51]在判别 K-SVD 算法的基础上进一步引入了标签一致性约束，具体的目标函数为

$$\langle \boldsymbol{D},\boldsymbol{W},\boldsymbol{B},\boldsymbol{X}\rangle = \underset{\boldsymbol{D},\boldsymbol{W},\boldsymbol{B},\boldsymbol{X}}{\arg\min} \| \boldsymbol{A}-\boldsymbol{D}\boldsymbol{X} \|_2^2 + \alpha \| \boldsymbol{H}-\boldsymbol{W}\boldsymbol{X} \|_2^2 + \beta \| \boldsymbol{Q}-\boldsymbol{B}\boldsymbol{X} \|_2^2 \quad \text{s.t.} \quad \forall i, \| \boldsymbol{x}_i \|_0 \leqslant k \tag{6-15}$$

其中表达式$\| \boldsymbol{Q}-\boldsymbol{B}\boldsymbol{X} \|_2^2$表示标签一致性的约束项，$\boldsymbol{Q}=[\boldsymbol{q}_1,\boldsymbol{q}_2,\cdots,\boldsymbol{q}_n]\in \mathbf{R}^{m\times n}$表示训练样本集 $\boldsymbol{A}$ 的可判别性稀疏编码矩阵，列向量 $\boldsymbol{q}_i=[q_i^1,q_i^2\cdots,q_i^m]^{\mathrm{T}}=[0,\cdots 1,1,\cdots,0]^{\mathrm{T}}\in \mathbf{R}^m$ 表示样本 $\boldsymbol{y}_i$ 的可判别性稀疏编码，$\boldsymbol{q}_i$ 中的非零项对应于字典原子中与其类别一致的索引，$\boldsymbol{B}$ 为待求解的参数矩阵。

具体地，假设样本 $\boldsymbol{A}=[\boldsymbol{y}_1,\boldsymbol{y}_2,\boldsymbol{y}_3,\boldsymbol{y}_4]$ 包含 4 个样本，字典 $\boldsymbol{D}=[\boldsymbol{d}_1,\boldsymbol{d}_2,\boldsymbol{d}_3,\boldsymbol{d}_4]$ 包含 4 个原子。其中 $\boldsymbol{y}_1$，$\boldsymbol{y}_2$，$\boldsymbol{d}_1$ 和 $\boldsymbol{d}_2$ 属于同一类别，$\boldsymbol{y}_3$，$\boldsymbol{y}_4$，$\boldsymbol{d}_3$ 和 $\boldsymbol{d}_4$ 属于同一类别，则可判别性稀疏编码矩阵 $\boldsymbol{Q}=\begin{pmatrix}1&1&0&0\\1&1&0&0\\0&0&1&1\\0&0&1&1\end{pmatrix}$。所以标签一致性约束项的目的是使样本尽可能地被与其属于同一类别的字典原子线性表示，以此来增加稀疏编码的判别性。

与 D-KSVD 算法类似，目标函数式（6-15）可以转化为如下形式：

$$\langle \boldsymbol{D},\boldsymbol{W},\boldsymbol{B},\boldsymbol{X}\rangle = \underset{\boldsymbol{D},\boldsymbol{W},\boldsymbol{B},\boldsymbol{X}}{\arg\min} \left\| \begin{pmatrix} \boldsymbol{A} \\ \sqrt{\alpha}\boldsymbol{Q} \\ \sqrt{\beta}\boldsymbol{H} \end{pmatrix} - \begin{pmatrix} \boldsymbol{D} \\ \sqrt{\alpha}\boldsymbol{B} \\ \sqrt{\beta}\boldsymbol{W} \end{pmatrix} \boldsymbol{X} \right\|_2^2 \quad \text{s.t.} \quad \forall i, \|\boldsymbol{x}_i\|_0 \leqslant k \tag{6-16}$$

同样地，式（6-16）可以通过 K-SVD 算法来进行求解，求解后的矩阵再做如下归一化：

$$\boldsymbol{D}'=[\boldsymbol{d}_1',\boldsymbol{d}_2',\cdots,\boldsymbol{d}_n']=\left[\frac{\boldsymbol{d}_1}{\|\boldsymbol{d}_1\|_2},\frac{\boldsymbol{d}_2}{\|\boldsymbol{d}_2\|_2},\cdots,\frac{\boldsymbol{d}_n}{\|\boldsymbol{d}_n\|_2}\right] \tag{6-17}$$

$$\boldsymbol{W}'=[\boldsymbol{w}_1',\boldsymbol{w}_2',\cdots,\boldsymbol{w}_n']=\left[\frac{\boldsymbol{w}_1}{\|\boldsymbol{d}_1\|_2},\frac{\boldsymbol{w}_2}{\|\boldsymbol{d}_2\|_2},\cdots,\frac{\boldsymbol{w}_n}{\|\boldsymbol{d}_n\|_2}\right] \tag{6-18}$$

$$\boldsymbol{B}'=[\boldsymbol{b}_1',\boldsymbol{b}_2',\cdots,\boldsymbol{b}_n']=\left[\frac{\boldsymbol{b}_1}{\|\boldsymbol{d}_1\|_2},\frac{\boldsymbol{b}_2}{\|\boldsymbol{d}_2\|_2},\cdots,\frac{\boldsymbol{b}_n}{\|\boldsymbol{d}_n\|_2}\right] \tag{6-19}$$

标签一致的 K-SVD 算法同时约束了样本的标签信息和判别信息，与判别 K-SVD 算法相比，它可以避免学习到非最优的或者局部最优的字典。

3．基于 Fisher 准则的字典学习

Fisher 判别字典学习（Fisher Discrimination Dictionary Learning，FDDL）[52]方法通过在目标函数中引入 Fisher 判别准则来增强学习到的字典和稀疏编码的判别能力，具体的目标函数为

$$J_{(D,X)} = \arg\min_{D,X}\{r(A,D,X) + \lambda_1 \| X \|_1 + \lambda_2 f(X)\} \tag{6-20}$$

其中 A 表示训练样本集，D 是待学习的字典矩阵，X 是训练样本在字典上的稀疏表示，λ_1 和 λ_2 是正则化参数。式（6-20）的第一项 $r(A,D,X)$ 为判别保真项，该项约束除了考虑字典重构样本的误差，还希望尽可能地由属于同一类别的字典原子来重构样本，而其他类别的原子作用尽可能小，具体表示为

$$r(A_i,D,X_i) = \| A_i - DX_i \|_2 + \| A_i - D_i X_i^i \|_2 + \sum_{\substack{j=1 \\ j\neq i}}^{c} \| D_j X_i^j \|_2 \tag{6-21}$$

其中 i 和 j 表示样本的类别标号；A_i 是第 i 类训练样本集；X_i 是 A_i 在字典 D 上的稀疏表示；D_i 是 D 的子字典，能够很好地表示 A_i，而不能表示 A_j，$j \neq i$；X_i^i 是 A_i 在 D_i 上的稀疏表示；X_i^j 是 A_j 在 D_i 上的稀疏表示，系数几乎为 0。回到式（6-20）中，第二项 $\| X \|_1$ 是稀疏正则化项，第三项 $f(X)$ 是判别系数项，即 Fisher 判别项。Fisher 准则希望稀疏编码的类内散度尽可能小而类间散度尽可能大，以此来增加稀疏编码和字典的判别性，具体的表示形式如下：

$$f(X) = \mathrm{tr}(S_{\mathrm{W}}(X) - S_{\mathrm{B}}(X)) + \eta \| X \|_2 \tag{6-22}$$

其中，$S_{\mathrm{W}}(X)$ 是类内数度，$S_{\mathrm{B}}(X)$ 是类间散度，η 是正则化参数。

式（6-20）可以利用交叉迭代的方法进行求解。当固定字典 D，更新稀疏编码 X 时，式（6-20）退化为求解稀疏编码问题。依次计算每类稀疏编码结果得到 X_i，当求解 X_i 时，其余 $X_j(j \neq i)$是固定的，此时目标函数转化为

$$J_{(X_i)} = \arg\min_{X_i}\{r(A_i,D,X_i) + \lambda_1 \| X_i \|_1 + \lambda_2 f_i(X_i)\} \tag{6-23}$$

式中 $f_i(X_i) = \| X_i - M_i \|_2 - \sum_{k=1}^{c} \| M_k - M \|_2 + \eta \| X_i \|_2$，其中 M_k 和 M 分别是类别 k 和所有类别的均值向量矩阵（即每一列都为均值向量）。式（6-23）可以利用迭代投影方法（Iterative Projection Method，IPM）[53]进行求解。

当固定稀疏编码 X，更新字典 D 时，可以按类别更新 D_i，当更新 D_i 时，其余 $D_j(j \neq i)$是固定的，则目标函数式（6-20）转化为如下表达式：

$$J_{(D_i)} = \arg\min_{D_i} \left\| A - D_i X^i - \sum_{\substack{j=1 \\ j\neq i}}^{c} D_j X^j \right\|_2 \tag{6-24}$$

式（6-24）是一个二次规划问题，可以采用文献[54]的方法来求解。

基于 Fisher 准则的字典学习方法主要的优势在于将 Fisher 准则引入字典学习函数中，对学习到的字典和稀疏表示系数都增强了判别能力。

6.3.2　正则化项

在正则化方法中，包含了两个问题，一个是正则化项表达式的设计，即模型选择问题；另一个是正则化参数的确定。

当利用字典学习方法得到一个固定的字典后，接下来的问题就是正则化项的设置问题。如何确定一种正则化项使其能够得到具有稀疏性的解向量是稀疏表示分类算法要考虑的另一个关键问题。由于 l_1 范数与向量的稀疏性之间有着某种必然的联系，所以在早期的稀疏线性模型中都使用 l_1 范数作为正则化项来约束系数向量的稀疏程度。尽管 l_1 范数能够描述向量的稀疏性，但是否只有 l_1 范数才具有这样的作用，对于分类算法来说，怎样的稀疏性更有利于分类算法性能的提高一直都是研究者们关注的热点问题。在 l_1 范数的基础之上，文献[55]提出了结构化稀疏的概念，认为由所有类别的训练样本构成的字典是具有分块结构性质的，而目标就是用最少的块结构来对测试样本进行表示。根据同一思想，文献[56]又提出了组稀疏表示的概念。在组稀疏表示模型中，将字典中原子的分块性质表示为组的概念，所有原子根据类别信息被划分在不同的组内，作者认为在这种具有组结构的字典上，求得的系数向量也同样具有这样组结构，所以在模型中使用混合 l_1 范数和 l_2 范数的正则化项作为约束条件，在组内系数中使用 l_2 范数进行限制，在组间系数使用 l_1 范数进行约束。此外，基于重加权（Reweighted）的最小化 l_1 范数[57]的方法被提出，该方法用加权的 l_1 范数 $\sum \boldsymbol{w}|\boldsymbol{x}|$ 代替了原始的 l_1 范数 $\sum|\boldsymbol{x}|$ 作为新的正则化项来约束系数向量。除了对于模型中正则化项的表达形式的选择，也有一些文献对于重构误差项提出了新的表示方法。在传统的稀疏线性表示模型中，重构误差项是用 l_2 范数来度量的，这就假设了重构误差是满足高斯分布的。但是，在很多情况下并非如此，例如在人类图像中出现遮挡或者噪声的情况。基于这个原因，文献[58]提出了一种新的稀疏编码方法，该方法使用了带有 l_1 范数的加权线性回归模型作为误差项的度量准则，对于权值系数的确定是通过迭代算法估计学习到的。当大多数基于稀疏表示的线性模型都在使用 l_1 范数作为约束项的时候，文献[59]的研究指出，在稀疏表示分类方法中，起到重要作用的是联合表示机制而不是模型中 l_1 范数对于编码系数的限制。作者在文中对比了分别使用 l_1 范数和 l_2 范数作为正则化项时，模型的分类性能不相上下。因此，在稀疏表示模型中，使用什么样的约束项更有利于模式分类仍然是一个值得研究的问题。

6.3.3 正则化参数的选择

正则化参数是一个重要的参数，主要是用来控制目标函数中损失函数项和正则化项之间的平衡关系，所求得的解的质量与其密切相关。当正则化参数较大时，正则化项在目标函数中起决定作用，从而降低了损失函数的影响，反之，损失函数在目标函数中具有关键作用，从而降低了正则化项的作用。所以，正则化参数的确定一直是一个学术难题。一般来讲，正则化参数的确定有先验（A-Priori）和后验（A-Posteriori）两种方法[60]。先验方法基于精确解的光滑性条件，实际上无法预先给出，所以很难应用于实际情况；而后验方法基于数据误差水平信息和误差数据本身，因此更为实用。这类方法的典型代表有：广义交叉检验法（Generalized Cross-validation，GCV）、L-曲线法、差异性方法（Discrepancy Principle），等等[61]。但是，在实际情况中，通过后验方法确定正则化参数是一个非常耗时的过程，并且当样本发生变化的时候，需要重新计算。所以，如何快速地确定正则化参数的大小，并使其在模型表示中发挥重要作用也是需要研究的问题。

6.4　本章小结

本章从线性表示分类方法入手，主要介绍了稀疏表示理论在模式分类问题中的应用，具体介绍了稀疏表示分类方法的数学描述和算法流程。重点介绍了将稀疏表示理论应用于分类问题时需要解决的关键问题，并且回顾了针对这些关键问题，目前学术上一些主流的解决办法，为进一步的深入研究奠定基础。

参 考 文 献

[1] Jain A K, Duin R P W, Mao J C. Statistical pattern recognition: a review[J]. IEEE Transactions on Pattern Analysis and Machine Intelligence, 2000, 22(1):4-37.

[2] Devroye L, Gyorfi L, Lugosi G. A probabilistic theory of pattern recognition[M]. Berlin: Springer-Verlag, 1996.

[3] Vapnik V N. Statistical learning theory[M]. New York: John Wiley & Sons, 1998.

[4] Fu K S. Syntactic pattern recognition and applications[M]. Englewood Cliffs, N. J.: Prentice-Hall, 1982.

[5] Pavlidis T. Structural pattern recognition[M]. New York: Springer-Verlag, 1977.

[6] Bezdek J C. Pattern recognition with fuzzy objective function algorithms[M]. New York: Plenum Press, 1981.

[7] Bezdek J C, Pal S K. Fuzzy models for pattern recognition: methods that search for structures in data[M]. IEEE CS Press, 1992.

[8] Jain A K, Mao J, Mohiuddin K M. Artificial neural networks: a tutorial[J]. Computer, 1996, 29(3):31-44.

[9] Schuermann J. Pattern classification: a unified view of statistical and neural approaches[M]. New York: Wiley, 1996.

[10] Wright J, Yang A Y, Granesh A. Robust face recognition via sparse representation[J].IEEE Transaction on Pattern Analysis and Machine Intelligence, 2009, 31(2): 210-227.

[11] Li S Z, Lu J. Face recognition based on nearest linear combinations[J]. IEEE Transactions on Neural Networks, 1999, 10(2):439-443.

[12] Li S Z. Contend-based classification and retrieval of audio using the nearest feature line method[J]. IEEE Transactions on Speech and Audio Processing, 2000, 8(5):619-625.

[13] Zhou Z L, Li S Z, Chan K. A theoretical justification of nearest feature line method[J]. Proceedings on International Conference on Pattern Recognition, 2000, 759-762.

[14] Chena J, Chenb C. Object recognition based on image sequences by using inter-feature-line consistencies[J]. Pattern Recognition, 2004, 37(9):1913-1923.

[15] Gao Q B, Wang Z Z. Center-based nearest neighbor classifier[J]. Pattern Recognition, 2006, 40(1):346-349.

[16] Pang Y, Yuan Y, Li X. Generalized nearest feature line for subspace learning[J]. Electronics Letters, 2007, 43(20):1079-1080.

[17] Pang Y, Yuan Y, Li X. Iterative subspace analysis based on feature line distance[J]. IEEE Transactions on Image Process, 2009, 18(4):903-907.

[18] Zheng Y J, Yang J Y, Yang J, et al. Nearest neighbor line nonparametric discriminant analysis for feature extraction[J]. Electronics Letters, 2006, 42(12):679-680.

[19] Chien J T, Wu C C. Discriminant waveletfaces and nearest feature classifiers for face recognition[J]. IEEE Transactions on Pattern Analysis and Machine Intelligence, 2002, 24(12):1644-1649.

[20] Lu J W, Tan Y P. Nearest feature space analysis for classification[J]. IEEE Signal Processing Letters, 2011, 18(1): 55-58.

[21] Liu X, Chen T, Kumar B V K V. Face authentication for multiple subjects

using eigenflow[J]. Pattern Recognition, 2003, 36(2):313-328.

[22] Zhou Z L, Kwoh C K. The pattern classification based on the nearest feature midpoints[J]. Proceedings of the International Conference on Pattern Recognition, 2004, 23-26.

[23] Han D Q, Han C Z, Yang Y. A novel classifier based on shortest feature line segment[J]. Pattern Recognition Letters, 2011, 32(3):485-493.

[24] Domeniconi C, Peng J, Gunopulos D. Locally adaptive metric nearest-neighbor classification[J]. IEEE Transactions on Pattern Analysis and Machine Intelligence, 2002, 24(9):1281-1285.

[25] Turk M, Pentland A. Eigenfaces for Recognition[J]. Cognitive Neuroscience, 1991, 3(1): 71-86.

[26] Belhumeur P, Hespanda J, Kriegman D. Eigenfaces vs. Fisherfaces: recognition using class specific linear projection[J]. IEEE Transactions on Pattern Analysis and Machine Intelligence, 1997, 19(7):711-720.

[27] He X, Yan S, Hu Y, et al. Face recognition using Laplacianfaces[J]. IEEE Transactions on Pattern Analysis and Machine Intelligence, 2005, 27(3):328-340.

[28] Yang M, Zhang L, Shiu S C K, Zhang D. Gobar feature based robust representation and classification for face recognition with gobar occlusion dictionary[J]. Pattern Recognition, 2013, 46(7):1865-1878.

[29] Zhang Q, Li B. Discriminative K-SVD for dictionary learning in face recognition[C]// Proceedings of IEEE Conference on Computer Vision and Pattern Recognition. 2010: 2691-2698.

[30] Jiang Z L, Lin Z, Davis L S. Learning a discriminative dictionary for sparse coding via label consistent K-SVD[C]// Proceedings of IEEE International Conference on Computer Vision and Pattern Recognition, 2011, 1697-1704.

[31] Mairal J, Bach F, Ponce J, Sapiro G. Online learning for matrix factorization and sparse coding[J]. The Journal of Machine Learning Research, 2010, (11):19-60.

[32] Jenatton R, Mairal J, Obozinski G, Bach F. Proximal methods for hierarchical sparse coding[J]. The Journal of Machine Learning Research, 2011, (12):2297-2334.

[33] Skretting K, Engan K. Recursive least squares dictionary learning

algorithm[J]. IEEE Transactions on Signal Processing, 2010, 58(4):2121-2130.

[34] Nguyen H V, Patel V M, Nasrabadi N M, Chellappa R. Kernel dictionary learning[C]//Proceedings of IEEE International Conference on Acoustics, Speech and Signal Processing, 2012, 2021-2024.

[35] Harandi M T, Sanderson C, Hartley R, Lovell B C. Sparse coding and dictionary learning for symmetric positive definite matrices: a kernel approach[C]// Proceedings of European Conference on Computer Vision, 2012, 216-229.

[36] Wei C P, Chao Y W, Yeh Y R, et al. Locality-sensitive dictionary learning for sparse representation based classification[J]. Pattern Recognition, 2013, 46(5):1277-1287.

[37] Mairal J, Bach F, Ponce J, et al. Discriminative learned dictionaries for local image analysis[C]//Proceedings of IEEE Conference on Computer Vision and Pattern Recognition, 2008, 1-8.

[38] Mairal J, Bach F, Ponce J, et al. Supervised dictionary learning[C]//Advances in Neural Information Processing Systems, (21):1033-1040, 2008.

[39] Bradley D M, Bagnell J A. Differentiable sparse coding[C]//Proceedings of Advances in Neural Information Processing Systems, 2008, 1-8.

[40] Yang J C, Yu K, Huang T. Supervised translation-invariant sparse coding[C]//Proceedings of IEEE Conference on Computer Vision and Pattern Recognition, 2010, 3517-3524.

[41] Yang M, Zhang L, Feng X C, et al. Fisher discrimination dictionary learning for sparse representation[C]// Proceedings of IEEE International Conference on Computer Vision, 2011, 543-550.

[42] Zhang H C, Zhang Y N, Huang T S. Simultaneous discriminative projection and dictionary learning for sparse representation based classification[J]. Pattern Recognition, 2013, 46(1):346-354.

[43] Feng Z Z, Yang M, Zhang L, et al. Joint discriminative dimensionality reduction and dictionary learning for face recognition[J]. Pattern Recognition, 2013, 46(8):2134-2143.

[44] Liu H D, Yang M, Gao Y, et al. Bilinear discriminative dictionary learning

for face recognition[J]. Pattern Recognition, 2014, 47(5):1835-1845.

[45] Jiang Z L, Zhang G X, Davis L S. Submodular dictionary learning for sparse coding[C]// Proceedings of IEEE Conference on Computer Vision and Pattern Recognition, 2012, 3418-3425.

[46] Ptucha R, Savakis A. LGE-KSVD: Flexible dictionary learning for optimized sparse representation classification[C]//Proceedings of IEEE Conference on Computer Vision and Pattern Recognition Workshops, 2013, 854-861.

[47] Shrivastava A, Pillai J K, Patel V M, et al. Learning discriminative dictionaries with partially labeled data[C]// Proceedings of IEEE International Conference on Image Processing, 2012, 3113-3116.

[48] Zhang G X, Jiang Z L, Davis L S. Online semi-supervised discriminative dictionary learning for sparse representation[C]//Proceedings of Asian Conference on Computer Vision, 2012, 259-273.

[49] Zhang Q, Li B. Discriminative K-SVD for dictionary learning in face recognition[C]//Proceedings of IEEE Conference on Computer Vision and Pattern Recognition, 2010, 2691-2698.

[50] Jiang Z, Lin Z, Davis L S. Learning a discriminative dictionary for sparse coding via label consistent K-SVD[C]// Proceedings of IEEE Conference on Computer Vision and Pattern Recognition, 2011, 1697-1704.

[51] Jiang Z, Lin Z, Davis L S. Label consistent K-SVD: Learning a discriminative dictionary for recognition[J]. IEEE Transactions on Pattern Analysis and Machine Intelligence, 2013, 35(11): 2651-2664.

[52] Yang M, Zhang L, Feng X, et al. Fisher discrimination dictionary learning for sparse representation[C]//IEEE International Conference on Computer Vision, 2011, 543-550.

[53] Rosasco L, Verri A, Santoro M, et al. Iterative projection methods for structured sparsity regularization[Z]. MIT Technical Reports, MIT-CSAIL-TR-2009-050, CBCL-282, 2009:18-47.

[54] Huang K, Aviyente S. Sparse representation for signal classification[C]// Advances in Neural Information Processing Systems, 2006: 609-616.

[55] Elhamifar E, Vidal R. Robust classification using structured sparse representation[C]//Proceedings of the IEEE International Conference on

Computer Vision and Pattern Recognition, 2011, 1873-1879.

[56] Majumdar A, Ward R K. Classification via group sparsity promoting regularization[C]// Proceedings of IEEE International Conference on Acoustics, Speech and Signal Processing, 2009, 861-864.

[57] Candes E J, Wakin M B, Boyd S. Enhancing sparsity by reweighted l1 minimization[J]. Journal of Fourier Analysis and Applications, 2008, 14(5):877-905.

[58] Yang M, Zhang D, Yang J. Robust sparse coding for face recognition[C]// Proceedings of IEEE International Conference on Computer Vision and Pattern Recognition, 2011, 625-632.

[59] Zhang L, Yang M, Feng X C. Sparse representation or collaborative representation: which helps face recognition? [C]//Proceedings of International Conference and Computer Vision, 2011, 471-478.

[60] Engl H, Hanke M, Neubauer A. Regularization of inverse problem[M]. Kluwer Academic Pub, 1996.

[61] Vogel C R, Oman M E. Iterative methods for inverse problem[M]. SIAM, 2002.

第 7 章　自适应正则化参数学习

在第 6 章介绍的稀疏表示分类模型中，正则化参数 λ 在全局重构误差项 $\|\boldsymbol{y}-\boldsymbol{F\alpha}\|_2$ 和正则化项 $\|\boldsymbol{\alpha}\|_1$ 之间起着非常重要的平衡作用，所以参数的好坏直接影响模型的泛化能力。又因为传统的正则化参数估计方法都是非常耗时的，如果对每个测试样本都使用估计方法来计算参数，那么算法的时间复杂度将是不能忍受的。因此，本章在深入分析稀疏表示分类模型的基础上，提出了一种自适应正则化参数学习方法，将正则化参数当作变量，在目标函数迭代求解的过程中自适应地进行更新，最终得到最优正则化参数下的最优解。

7.1　正则化参数的重要性

根据 6.2 节对于稀疏表示分类模型的介绍可以得知，在理想情况下，系数向量中只有与测试样本同类的训练样本对应的分量是非零的，其余分量都是零。在这种情况下，样本的全局重构误差与最小单类重构误差应该是相等的。但是在实际情况下，系数向量中除了有一些较大的非零值外，其余大部分分量是大于零但取值很小的情况。在这种情况下，全局重构误差和判别结果的最小单类误差会有所不同，此时，正则化参数的平衡作用就是要使两者的数值尽可能地趋于相同，只有在这种条件下，测试样本被正确分类的概率才最大。

具体地，当 λ 取值较小时，目标函数中的全局重构误差项起绝对作用，此时全局重构误差很小，但是对系数向量稀疏性的限制不足，从而导致在对测试样本 $\boldsymbol{y}$ 进行线性表示时，起作用的是全体样本而不是某一类样本。下面是一个具体的实验示例，在这个例子中，数据集包含了 38 个类别的样本，测试样本 $\boldsymbol{y}$ 属于第四类。在实验中，当将 λ 的取值设为 1×10^{-6} 时，得到的系数向量是非稀疏的，如图 7-1 所示。在系数向量非稀疏的情况下，利用该向量计算得到的测试样本在单类训练样本上的重构误差如图 7-2 所示，从图中可以看出，此时单类重构误差已经不具有判别性质，任何一个单类的训练样本都不能很好地对测试样本进行近似表示，在这种情况下，若仍然使用最小单类误差作为判别准则，则得到的分类结果也是错误的。在这个例子中，测试样本 $\boldsymbol{y}$ 的真实类别为第四类，但是在实验中得到的结果却是第十一类。

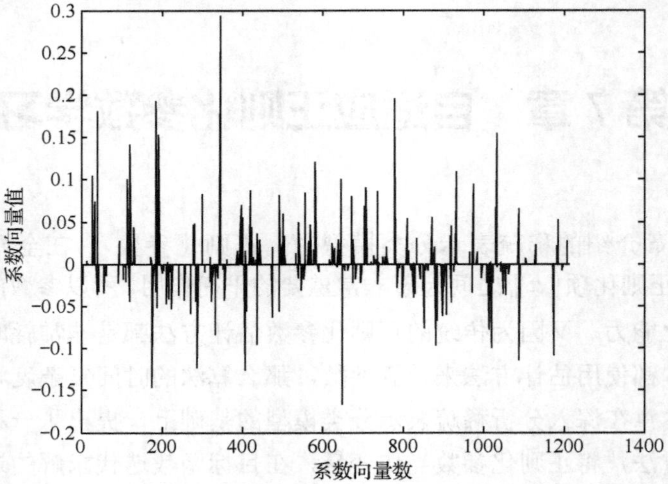

图 7-1　$\lambda=1\times10^{-6}$ 时根据稀疏表示求得的系数向量

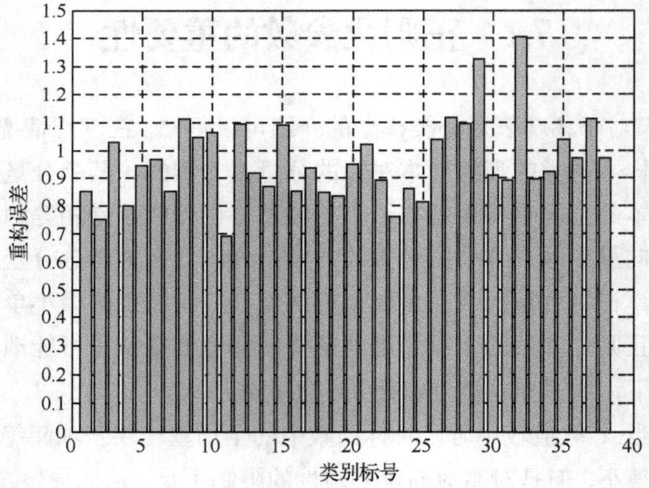

图 7-2　根据图 7-1 中的系数向量计算出的单类重构误差

反之，当 λ 取值较大时，最小化 l_1 范数的正则化项的限制在目标函数中起主导作用，导致系数向量过于稀疏，从而导致全局重构误差较大，即基向量对于测试样本的表示能力不足。另外，λ 的取值并不是可以无限大，依据最小化 l_1 范数的收敛性问题，正则化参数 λ 具有如下所示的上界：

$$\lambda \leqslant \|2\boldsymbol{F}^{\mathrm{T}}\boldsymbol{y}\|_{\infty} \tag{7-1}$$

该式的详细证明过程可以参考文献[1]。从式（7-1）可以看出，λ 的取值是与字典 $\boldsymbol{F}$ 和测试样本 $\boldsymbol{y}$ 相关的，当 $\boldsymbol{F}$ 固定时，λ 的取值是与测试样本相关的。不同的测试

样本所对应的 λ 的上界是不同的。所以，在传统的稀疏表示分类中，对所有测试样本都使用同样的 λ 参数是不合理的。在实验中，当 λ 的取值大于上界时，计算出的系数向量将为零向量。同样使用图 7-1 中的例子，根据式（7-1）计算出的参数上界为 1.833，将 λ 设为最大值时，计算得到的系数向量如图 7-3 所示。

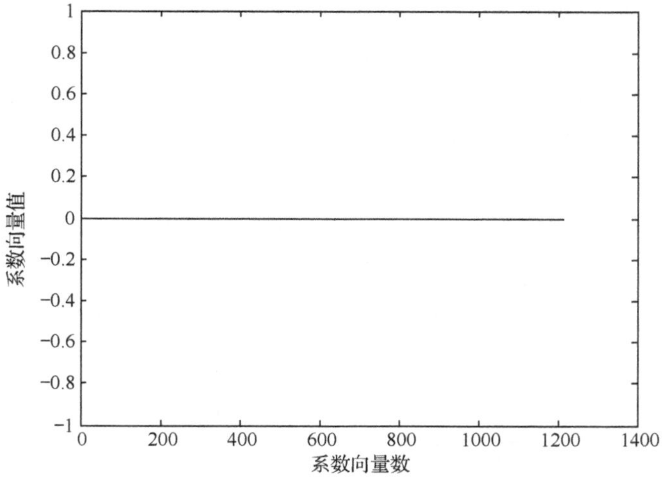

图 7-3　λ=1.833 时计算出的系数向量

基于以上分析可以得出结论，参数 λ 的选择是决定模型分类结果好坏的关键之一，并且对于不同的测试样本，都具有一个与其自身相关的最优参数和上界。

7.2　正则化参数与测试样本的关系

在传统的基于稀疏表示的分类模型中，对于所有测试样本都使用相同的正则化参数，即使这个参数是通过非常耗时的交叉检验过程而得到的，那也只是在一定程度上的全局最优参数。通过 7.1 节的分析可知，在稀疏表示的框架下，每个测试样本都有一个与其自身相关的最优参数。在模式分类的具体应用下，最优参数的判断标准就是在 7.1 节中提到的能够在全局重构误差和系数稀疏性之间起到平衡作用，并且使目标函数中的全局重构误差与判别准则中最小单类重构误差趋于相等。从下面的示例中可以直观地理解这一点。

图 7-4 描述了在不同的参数取值下，测试样本经过字典的稀疏表示后，利用该系数计算得到的最小单类重构误差及该测试样本的正确类别所对应的重构误差。其中 —○— 线代表根据判别准则得到的最小单类重构误差，—■— 线代表测试样本在正确类别下的重构误差。通过前面的分析我们可以知道，只有在两条曲线重合时，

才能得到测试样本的正确分类结果，即取得最小单类重构误差的类别也正好是测试样本的真实类别。图 7-4（a）和图 7-4（b）代表了两个不同的测试样本所得到的实验结果。

从图 7-4（a）中可以看到，当 λ 的取值大于 0.1 时，利用最小单类样本的重构误差作为判别准则对该样本进行分类将会得到错误的分类结果，因为此时最小单类重构误差小于样本真实类别得到的重构误差。尽管当 λ 的取值大于 0.1 时，通过稀疏表示得到的系数向量更加稀疏，并且判别准则得到的最小单类重构误差也足够小，但是却得到了错误的结果。分析原因可以发现，对于该测试样本来说，并不是系数向量越稀疏结果越好。系数向量越稀疏，是以全局的重构误差增大为代价的，即字典对于测试样本的表示能力会有所下降，此时，不管是结果类别的重构误差，还是正确类别的重构误差，都是比较大的，所以如果字典中有一些类别的训练样本在特征空间中出现一些重叠，再加上由于正则化参数取值过大导致模型的欠学习，就会导致最后得到的判别结果是错误的。

对于图 7-4（b）中的样本来说，我们可以看到无论 λ 的取值是大还是小，两个类别的重构误差在整体上都是偏大的，这就说明字典对该测试样本的表示能力是不够的，也说明了该测试样本在样本空间中并没有位于其同类样本的子空间中，或者位于多个子空间的重叠和边界位置，这类样本是分类过程中的难点。通过图 7-4（b）我们可以看到，该测试样本只有在 λ 的取值为 0.01 时，才能得到正确的分类结果，此时结果类别的单类重构误差有一个增大的趋势，而正确类别的重构误差有一个下降的趋势，才使两者达到一致，从而得到正确的判别结果。

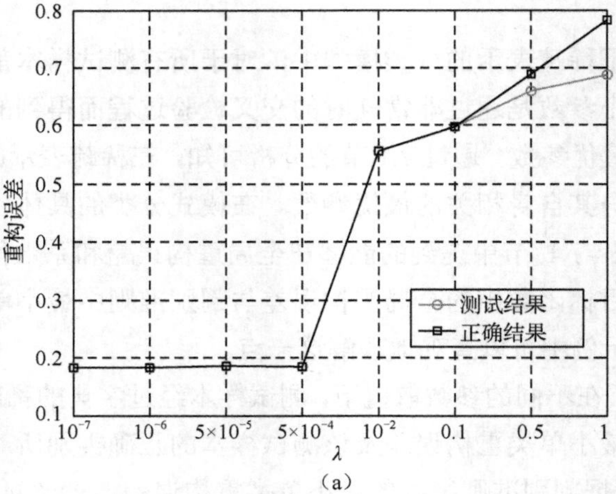

（a）

图 7-4　λ 取不同值时的重构误差曲线

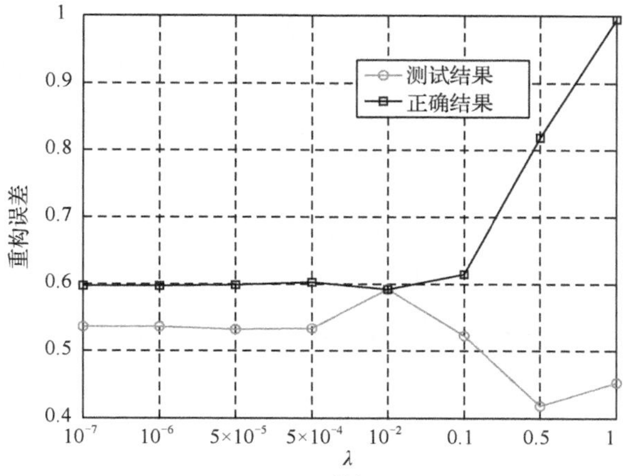

（b）

图 7-4　λ 取不同值时的重构误差曲线（续）

从这两个例子可以看到，最优的正则化参数确实是与测试样本本身相关的，而在稀疏表示分类模型中，并不是系数越稀疏或者全局重构误差越小越好。不同的正则化参数将会直接导致分类结果的正确与否，对于不同的测试样本来说，只有在最优的参数取值下，才能得到正确的分类结果。

7.3　基于重构误差的自适应正则化参数学习方法

基于对稀疏表示分类模型中正则化参数的分析，本章提出了一种基于重构误差的自适应正则化参数学习方法，自适应的方法不需要预先利用交叉检验确定参数，而是在求解系数向量的过程中同时优化参数，以得到最优结果。

在前面的分析中我们提到，稀疏表示分类模型的分类准则是最小单类重构误差，而求解线性系数的目标函数优化的却是全局误差。因此，在调节正则化参数的过程中，本章提出的方法充分利用了这两个误差函数之间的关系。当最小单类重构误差大于全局误差时，表明此时的系数向量是非稀疏的，即此时测试样本能够由全体样本来线性表示而无法用单独某个类的样本来表示，同时也说明了此时的参数过小，在平衡全局误差和系数稀疏性之间倾向了前者。反之，当最小单类重构误差小于全局误差时，表明此时的系数向量过于稀疏，直接导致测试样本不能在字典中被很好地线性表示。那么如何调整正则化参数 λ，使其起到真正的平衡作用呢？

在文献[2]中，作者从实验和理论的角度分析得出结论，正则化参数应该在损失函数项和正则化项之间满足一定的比例关系。本章提出的方法以此作为理论基础，具体描述如下。首先，定义一些在描述算法的过程中需要使用的变量。$\boldsymbol{\delta}_i(\boldsymbol{\alpha})$ 定义为系数向量 $\boldsymbol{\alpha}$ 中，与第 i 类训练样本相对应的系数分量组成的新向量。C_i 用于表示第 i 类训练样本对应系数的稀疏程度，定义为

$$C_i = \sum_{j=1}^{n_i} |\delta_{ij}(\boldsymbol{\alpha})| \tag{7-2}$$

式中，$\delta_{ij}(\boldsymbol{\alpha})$ 表示向量 $\boldsymbol{\delta}_i(\boldsymbol{\alpha})$ 的第 j 个分量，n_i 表示字典中第 i 类样本的个数。通过对正则化参数在稀疏表示分类模型中的分析，本章提出了一种自适应更新参数 λ 的方法，具体的更新式定义为

$$\lambda = \frac{E}{1+\mathrm{e}^{C_{i^*}}} \tag{7-3}$$

$$i^* = \arg\min_i E_i,\ i \in [1,\ c] \tag{7-4}$$

式中，E 表示重构误差 $\| \boldsymbol{y} - \boldsymbol{F}\boldsymbol{\alpha} \|_2$，即测试样本 $\boldsymbol{y}$ 在字典 $\boldsymbol{F}$ 上的全局重构误差；E_i 表示在第 i 类训练样本的单类重构误差；i^* 表示取得最小单类重构误差的类别编号；c 表示样本类别总数；C_{i^*} 表示取得最小重构误差的训练样本对应系数的稀疏程度。最小重构误差越小，那么对应系数的稀疏程度应该越小，即 C_{i^*} 越大；反之，对应系数比较稀疏，C_{i^*} 应该越小。

在本章的算法中，参数 λ 正是根据全局重构误差的大小和取得最小单类重构误差的样本所对应系数的稀疏程度进行自适应的调整。当 λ 取值较小时，在优化算法的迭代过程中，全局重构误差 E 有一个变小的趋势，而此时，由于 λ 取值较小，对系数向量的稀疏性限制不够，对应求出的系数向量 $\boldsymbol{\alpha}$ 的取值是相对密集而平均的。在这种情况下，为了保证系数向量 l_1 范数的最小化，取得最小单类重构误差的训练样本所对应的系数值会比 $\boldsymbol{\alpha}$ 是稀疏向量时要小，所以变量 C_{i^*} 将会有一个变小的趋势。当 C_{i^*} 变小后，根据式（7-3）可以计算出一个新的参数 λ，并且由于 C_{i^*} 变小了，新的参数 λ 将会变大。当参数 λ 变大后，其余变量也会随着向相反的方向进行变化。在迭代过程中，当迭代次数达到设定上限或者两次迭代结果相差 1e-3 时，迭代过程停止，得到的 λ 值就是与该测试样本 $\boldsymbol{y}$ 相对应的最优正则化参数，进而得到的系数向量 $\boldsymbol{\alpha}$ 也是在最优参数下得到的结果。在优化过程中，本章使用的是基于内点法的优化方法，内点法是一种经典的解决凸优化问题的算法，详细的数学解释可以参考文献[1]。本章方法的完整算法描述如下。

算法 7-1　用于稀疏表示分类的自适应正则化参数学习算法
输入数据：训练数据 $\boldsymbol{F}$ 和测试样本 $\boldsymbol{y}$。 初始化：$\boldsymbol{\alpha} = \boldsymbol{0}$，代入式

$\boldsymbol{\alpha}=\arg\min_{\boldsymbol{\alpha}}\|\boldsymbol{y}-\boldsymbol{F\alpha}\|_2+\lambda\|\boldsymbol{\alpha}\|_1$，$\lambda=\dfrac{E}{1+e^{C_i}}$

得到 $E=1$，$\lambda=0.5$，设置更新步长为 10，最大迭代次数为 500。

循环：

步骤 1：计算稀疏表示目标函数值；

步骤 2：计算每个类的变量 C_i 和 E_i；

步骤 3：如果迭代步骤满足更新步长，根据式（7-3）更新参数 λ 的值，然后转到步骤 4；

步骤 4：根据内点法更新变量 $\boldsymbol{\alpha}$；

步骤 5：如果没有达到循环终止条件，跳转到步骤 3；否则循环结束，返回估计的参数 λ 和系数向量 $\boldsymbol{\alpha}$。

图 7-5 描述了某个测试样本根据算法 7-1 求出的参数 λ 在迭代过程中的变化情况。在算法 7-1 中，λ 的初始值不是人为给定的，而是初始化变量 $\boldsymbol{\alpha}$ 后，代入式(7-3)中计算得到的，所以 λ 的初始值并不对算法结果产生影响。在算法的迭代过程中，参数 λ 的取值会自适应地根据全局重构误差和系数向量的稀疏程度进行调整，直到达到平衡状态为止。在该实验中，算法的更新步长设置为 10，所以参数 λ 是在每十次迭代后进行更新。图 7-6 给出了在迭代过程中，目标函数所优化的全局重构误差和分类准则中的最小单类重构误差两者的变化情况。从图 7-6 中可以看出，全局重构误差在迭代开始后会很快达到一个比较小的值，但是最小单类重构误差有一个逐渐向全局重构误差靠近的变化过程，当两者趋于相等时能够得到正确的分类结果，而这种变化是通过正则化参数 λ 的自适应更新来控制的。

通过图 7-6 我们可以进一步发现，在将稀疏表示用于解决分类问题时，稀疏性限制仅仅是解决问题的一个手段，原本认为的利用稀疏表示可以自动选择很少的一部分原子来表示测试样本，在分类问题的具体应用中表现不是很好。原因在于在分类问题上，由于不同类别样本之间的相似性，以及同类样本之间的差异性，使得作为原子的训练样本在被选择时会出现一些偏差，在实际应用中并不会像我们希望的那样只有某一类样本被选中而其余样本被拒绝。所以，在这种情况下，对于稀疏性的限制就会有一定要求。与信号处理领域不用，在分类问题上并不仅仅是要求重构误差越小、稀疏程度越大越好。更为关键的是用于分类的判别准则要表现出较大的差异性，有时甚至要为了达到这个目的而损失全局重构误差的精度。因此，在基于稀疏表示的分类方法中，正则化参数的大小就起着更为关键的作用。本章的自适应学习方法也是为了在分类方法中提高算法的正确率而提出的。

从中也可以看出在基于稀疏表示的分类方法中，需要更好地平衡稀疏性和判别准则之间的关系。

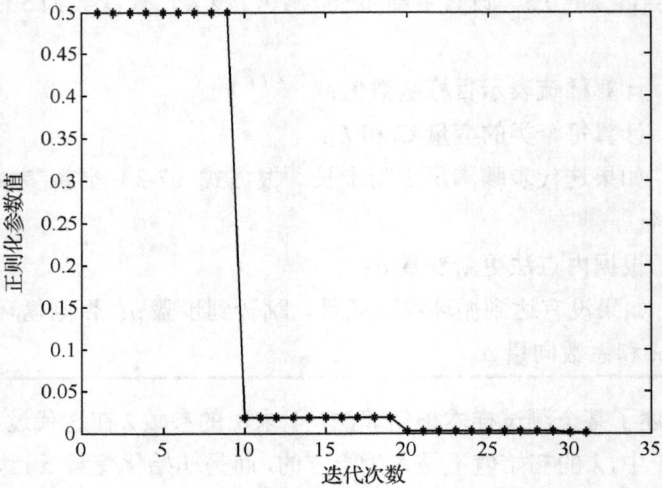

图 7-5　迭代过程中正则化参数 λ 的变化情况

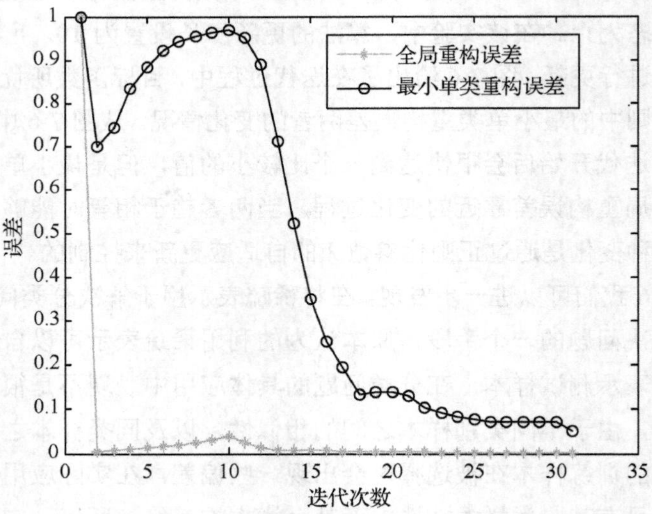

图 7-6　迭代过程中全局重构误差与最小单类重构误差的变化情况

7.4 实验与分析

为了验证所提出算法的有效性，本章分别在人脸图像数据集 Extended Yale

B[3]和 AR[4]数据集上进行了一系列的实验。在实验中，我们对比了本章提出的自适应正则化参数学习方法和传统的交叉检验估计方法在稀疏表示分类模型中的应用结果，对比方法有 10 折（10-fold）交叉检验和留一法（Leave-One-Out，LOO）交叉检验。对于每个人脸图像数据，实验分为两组。一组是原始的清晰测试图像数据，另一组是加入随机噪声的测试图像数据。图 7-7 展示了来自 Extended Yale B 数据集的样本图像，从图中可以看到在这个数据集中样本的光照变化非常大，这就给分类问题带来一定的难度。图 7-8 展示了来自 AR 数据集的样本图像，从图中可以看到对于 AR 数据集，其样本图像不仅在光照强度上有变化，在面部表情上也有较大的变化，这就使得 AR 数据集的分类难度要高于 Extended Yale B 数据集。图 7-9 展示了加入不同比例的随机噪声后的图像结果，在图像中，加入噪声的位置是根据噪声的比例随机产生的，噪声位置的像素值是由取值范围在 0～255 的均匀分布产生的。从图 7-9 中可以看到，随着噪声比例的增加，图像是非常难辨认的，对于高噪声的样本来说，即使是人眼也无法进行辨认。在实验中，为了降低原始图像的数据维数，我们使用了被广泛应用在处理人脸数据上的特征脸（Eigenfaces）[5]方法作为本次实验的特征提取方法，特征脸实际上就是特征向量，是通过对所有样本图像进行主成分分析而获得的。任何一张人脸图像都可以表示为特征点的组合。通过把原始图像投影到特征脸子空间而达到数据降维的目的。

图 7-7　Extended Yale B 数据集中的样本图像

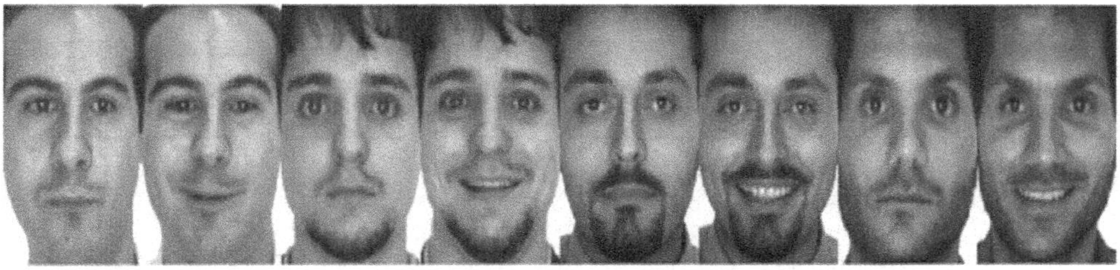

图 7-8　AR 数据集中的样本图像

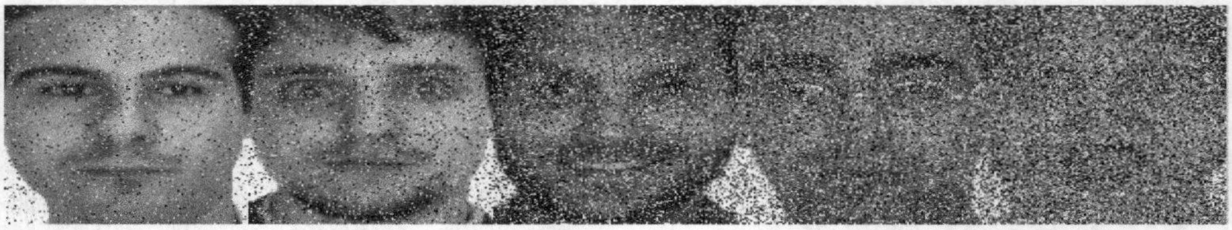

图 7-9　加入不同比例的随机噪声的样本图像

7.4.1　Extended Yale B 数据集

1．无噪声情况

Extended Yale B 数据集由 38 种类别共 2414 个样本构成，平均每类数据中包含 64 个不同光照强度的样本。对于每类样本，我们从中随机选择了 32 个样本作为训练数据，余下的样本作为测试数据。我们同时对比了特征向量维数分别为 100、200 和 300 情况下的实验结果。表 7-1 展示了在 3 种不同的正则化参数学习方法下得到的分类正确率，其中，10-fold 和 LOO 交叉检验估计的正则化参数均为 0.01。因为 10-fold 交叉检验和 LOO 交叉检验的基本思想都是从训练样本中拿出一部分做交叉检验验证，区别只是每次选取样本的方式不同，所以两种方法估计出的正则化参数是相同的。从表 7-1 中的结果可以看到，在不同的特征向量维数情况下，本章所提出的自适应正则化参数学习方法都取得了比其他两种固定正则化参数的方法更好的分类正确率，这就充分说明了对于所有测试样本都使用交叉检验法估计的固定参数值是不合适的，同时也表明了自适应正则化参数学习方法不仅提高了稀疏表示分类模型的分类正确率，而且省去了非常耗时的交叉检验过程。

表 7-1　不同方法在 Extended Yale B 数据集上的分类正确率

正则化参数学习方法	特征向量维数		
	100	200	300
10-fold 交叉检验	93.35%	96.1%	96.8%
LOO 交叉检验	93.35%	96.1%	96.8%
自适应正则化参数学习方法	**95.5%**	**97.2%**	**97.7%**

2．有噪声情况

对于加入噪声的实验，我们同样从每类样本中随机选择 32 个作为训练数据，其余的样本作为测试数据，同时给测试样本加入一定百分比的随机噪声。特征向量的维数设定为 200。在实验中，我们比较了不同噪声比例的情况，将噪声比例从

10%逐渐增加到 80%，即原始图像数据中被污染的数据量从 10%依次递增到 80%。图 7-10 给出了噪声比例从 10%增加到 80%的过程中，3 种对比方法的实验结果。从图 7-10 中可以明显看到，本章提出的方法除在噪声比例为 30%和 40%的情况下，与其他两种对比方法取得了同样的分类精度之外，在其余的噪声情况下，本章提出的方法都表现出了明显的优势。尽管在噪声比例高于 50%后，3 种方法得到的分类正确率都在明显下降，但本章提出的方法的降低速度要低于其他对比方法。即使在噪声比例高达 60%的情况下，本章提出的方法依然能够达到 64.94%的分类正确率，而在同样的情况下，其他两种方法的分类正确率已经退化为 55.42%，低了将近十个百分点。分析原因可以发现，对于有噪声的测试样本，由于其部分数据信息被噪声污染了，而这些被污染的数据在字典上并不能被很好地表示，所以其全局重构误差必然会显著增加，即使在正则化参数设为很小的情况下，全局重构误差也无法得到最优解。但是因为我们要解决的是分类问题，对于分类问题来说，只要作为判别分类准则的单类重构误差具有差异性和可分性，并且最小的单类重构误差能够与优化得到的全局误差趋于一致，测试样本仍然是可能被正确分类的。显然，正则化参数就是为了达到这个目的而进行调节的。从实验结果中我们也可以看到，对于每个被噪声污染的测试样本来说，通过自适应的正则化参数学习后，其被正确分类的概率明显增加。即便在噪声比例比较小的情况下，因为针对每个测试样本都使用了学习到的最优参数进行求解，所以算法的分类正确率也有所提高。

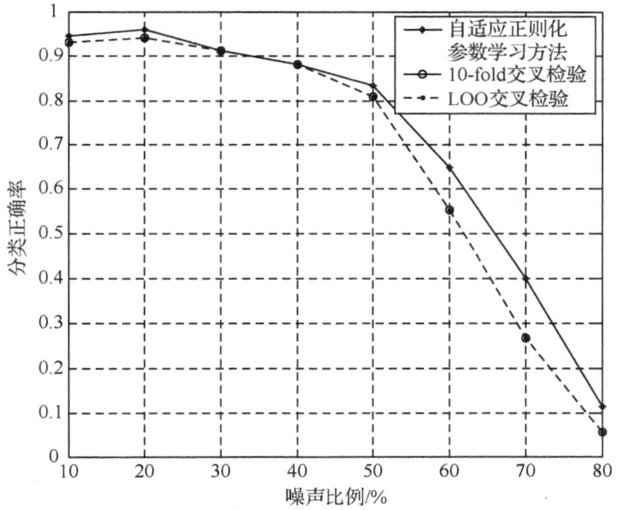

图 7-10　不同噪声比例情况下 3 种方法在 Extended Yale B 数据集上的分类结果

7.4.2 AR 数据集

1. 无噪声情况

AR 数据集由 126 种类别超过 4000 个样本构成。这些样本图像与 Extended Yale B 的相比，具有更大的光照变化和表情变化。在实验中，我们选择了 50 类男性样本和 50 类女性样本作为实验数据。在类别总数上，AR 数据集就要比 Extended Yale B 数据集多很多。对于每类样本，均包含 14 个具有不同光照强度和面部表情变化的样本。我们随机地从中选择了 7 个样本作为训练样本，余下的样本作为测试样本。在样本数量上，AR 数据集中单类的训练样本数仅为 7 个，并且这 7 个训练样本的光照强度和面部表情都有可能发生很大变化，这就给分类问题带来了一定的难度。在该数据集下，10-fold 和 LOO 交叉检验估计到的正则化参数值都为 0.005。我们同样比较了样本的特征向量维数分别为 100、200 和 300 的情况，对比结果如表 7-2 所示。从表中的结果可以看到，在 AR 数据集上，本章提出的自适应正则化参数学习方法同样具有一定的优势，在不同的样本特征向量维数下，都取得了 3 种对比方法中的最好分类结果。

表 7-2　不同方法在 AR 数据集上的分类正确率

正则化参数学习方法	特征向量维数		
	100	200	300
10-fold 交叉检验	94.7%	96.4%	96.5%
LOO 交叉检验	94.7%	96.4%	96.5%
自适应正则化参数学习方法	**95.5%**	**97.6%**	**97.0%**

2. 有噪声情况

对于 AR 数据集，我们同样对比了测试样本在不同噪声比例情况下的分类情况。图 7-11 展现了此次实验的结果。从结果中可以看到，随着噪声比例的增加，3 种对比方法的分类正确率都有所下降，但是本章提出的方法得到的分类正确率始终要高于其他两种方法。本章提出的方法在噪声比例高于 50%的情况下，分类正确率急剧下降，但是两种对比方法在噪声比例高于 40%的情况下，分类正确率就出现了急剧下降。在噪声比例为 50%的情况下，自适应正则化参数学习法仍然可以得到高达 88.14%的分类正确率，而此时对比方法的结果已经退化到了 69.14%，利用本章方法得到的分类正确率高出对比方法将近二十个百分点，明显体现了本章方法的优势。

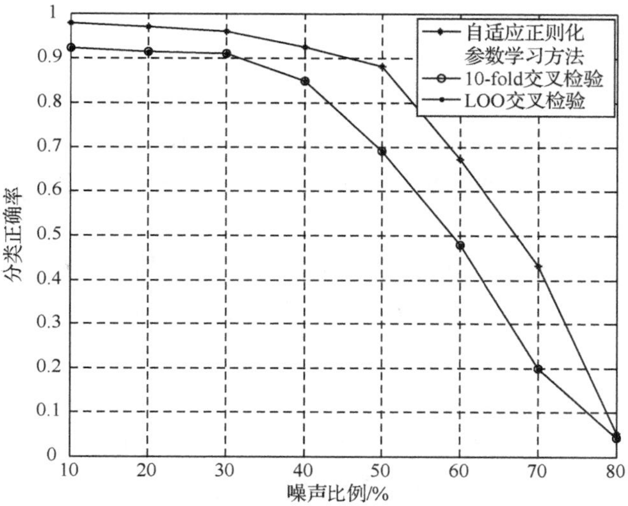

图 7-11　不同噪声比例情况下 3 种方法在 AR 数据集上的分类结果

7.4.3　性能分析

我们可以看到，自适应正则化参数学习方法是在求解稀疏系数的过程中不断更新正则压参数取值的，更新次数是由更新步长来决定的。在性能分析中，我们对比了在不同特征向量维数的情况下，测试样本在固定参数和自适应参数两种情况下算法求解所要花费的时间。如表 7-3 所示是在 AR 数据集上得到的结果，取值是所有测试样本上的运行时间的平均值。从表 7-3 中可以看到，交叉检验法的运行时间对于样本的向量维数不敏感，而自适应正则化参数学习方法的运行时间会随着样本维数的增加而增加。但是在样本维数较小时，自适应正则化参数学习方法的执行时间要明显少于交叉检验法。原因在于，自适应更新方法在迭代过程中需要自动更新参数取值，同时由于参数的调整会减少算法的迭代次数。所以，当样本维数比较低时，用于更新参数所花费的时间要少于减少的迭代时间，表现出了时间上的优越性；而当样本维数较高时，用于更新参数所花费的时间就会增加。但是，从总体上看，自适应正则化参数学习方法不需要预先通过交叉检验方式确定参数，而交叉检验法在交叉检验中所花费的时间是巨大的。降低本章所提出的算法的时间复杂度也是今后的研究工作之一。

表 7-3　AR 数据集上运行时间的对比结果

单位：s

正则化参数学习方法	特征向量维数		
	100	200	300
交叉检测法	1.1754	1.0140	1.0021
自适应正则化参数学习方法	0.5374	0.6847	1.1609

7.4.4 分析讨论

在实验中，我们对比了本章提出的自适应正则化参数学习方法和两种典型的基于交叉检验的参数估计方法在稀疏表示分类模型中的性能。实验结果表明了自适应正则化参数学习方法可以使每个测试样本都获得一个最优的参数从而提高了分类模型的性能。

自适应正则化参数学习方法之所以能够提高分类模型的性能，是因为在将稀疏表示用于分类问题时，不仅要考虑解的稀疏性，更要考虑的是判别准则是否能够起到区分类别的作用。但是，在稀疏表示模型中，并没有关于判别准则的约束和限制，完全寄希望于系数向量的稀疏性，希望系数向量能够足够稀疏从而使判别函数表现出差异性。然而，在实际应用中，由于样本的多样性，使得系数向量并不能像希望的那样只在某一类原子对应的系数上取非零值，在其他类别原子对应的系数上取零。真实情况是系数向量的非零值往往会分散在多个类别中，这些类别通常是在特征空间中难以分开的。基于以上分析可以发现，仅仅依靠系数向量的稀疏性并不能保证分类结果的正确性，必须要把判别函数引入到模型中共同优化才行。本章提出的自适应正则化参数在学习的过程中，正是根据判别函数和目标函数的关系进行调整的，在一定程度上将判别函数的作用引入模型优化中，通过使判别函数与目标函数趋于一致，来提高正确分类测试样本的概率。

从实验结果来看，对于测试样本没有噪声的情况，自适应正则化参数虽然使分类正确率有所提高但是优势不明显，而对于有噪声的情况，优势是非常明显的。当噪声比例从 10%增加到 50%时，本章的方法比其他两种方法在 Extended Yale B 数据集上的分类正确率提高了 1%～3%，在 AR 数据集上的分类正确率提高了 1%～15%。当噪声比例高于 50%后，本章的方法相比于其他两种方法能够使分类正确率提高 20%以上。这是因为对于被噪声污染的测试样本，由于信息的丢失使其在被表示的过程中会存在较大误差，但是分类模型得以正确分类的标准是保证样本在单类重构误差上具有差异性。尽管此时全局重构误差较大，但只要样本的最小单类重构误差与目标函数中的全局重构误差一致，测试样本就会有较大可能被正确分类，这就体现了自适应正则化技术的优势，而自适应正则化参数在其中起着关键作用。

7.5 本章小结

本章首先以稀疏表示理论为基础，解释了 l_1 范数在稀疏表示分类模型中的重要作用，然后充分分析了稀疏表示分类模型中的关键问题，讨论了对于不同的测试样本，正则化参数在分类模型中的重要作用和对分类结果的影响，并在此基础上提出了一种基于重构误差的自适应正则化参数学习方法，并成功将其应用于稀疏表示分类模型中。与传统的基于交叉检验的正则化参数估计方法相比，本章的方法省去了非常耗时的交叉检验过程，并且针对不同的测试样本，自适应的方法能学习到一个与其自身相关的最优参数，从而保证了分类结果的正确性，而不是像交叉检验方法那样，估计到一个在交叉检验数据集上的全局最优参数，并对所有测试样本都只用一个固定的正则化参数。通过在 Extended Yale B 和 AR 人脸图像数据集上的实验验证，也证明了自适应正则化参数学习方法提高了分类模型的性能，尤其在测试样本被噪声污染的情况下，分类正确率提高得更多。

参 考 文 献

[1] Kim S J, Koh K, Lustig M, et al. An interior-point method for large-scale l1-regularized least squares [J]. IEEE Journal of Selected Topics in Signal Processing, 2008, 1(4): 606-617.

[2] Guo P, Lyu M R, Chen C L P. Regularization parameter estimation for feedforward neural networks [J]. IEEE Transactions on Systems Man & Cybernetics Part B: Cybernetics, 2003, (33): 35-44.

[3] Lee K, Ho J, Kriegman D. Acquiring linear subspaces for face recognition under variable lighting [J]. IEEE Transactions on Pattern Analysis and Machine Intelligence, 2005, 27(5): 684-698.

[4] Martinez A M, Benavente R. The AR face database [R]. CVC Tech. Report, No.24, 1998.

[5] Turk M, Pentland A. Eigenfaces for recognition [J]. Cognitive Neuroscience, 1991, 3(1): 71-86.

第 8 章 结合聚类分析的有监督字典学习

通过第 6 章对稀疏表示理论在模式分类问题中的应用介绍可以看出，字典在稀疏表示的过程中起着非常重要的作用，直接影响着模型的表示能力。所以如何构造出有代表性且表示能力强的字典是稀疏表示理论研究的一个重要方向。

在模式分类领域，多类别的图像分类问题一直吸引着很多研究者。在众多的研究方法中，基于词袋（Bag of Features，BoF）模型的分类方法被广泛使用[1-3]。在词袋模型中，一幅图像被看作由很多小图像块构成的集合，每个小图像块用一个描述子来表示，然后通过聚类的方法得到关键词，再将原始图像的描述子用向量量化的方法得到代表这幅图像的关键词，用于表示该图像的语义信息。在原始的词袋模型中，通常采用 K 均值（K-means）[4]聚类算法来完成向量量化。但是，K-means 是一种硬聚类算法，并且需要人为指定聚类数目。所以，Yang 等提出了一种基于稀疏编码的空间金字塔匹配模型[5]，用稀疏编码的方法代替了 K-means 聚类并用于向量量化，使得模型在分类精度上有了较大的提高。在向量量化的过程中，使用稀疏编码的方法减少了硬聚类算法对绝对距离的限制，从而使量化的过程更具弹性。

基于对稀疏编码理论的深入研究，发现在文献[5]中提出的基于稀疏编码的空间金字塔匹配模型存在三个问题：①模型中对于字典的构造是非常耗时的，它首先对训练样本进行采样，然后通过对采样得到的众多小图像块进行复杂的计算来得到字典；②字典的规模（大小）需要预先确定，即字典中包含多少个原子是人为设定的，这就使模型的应用出现很多困难；③在字典学习的过程中没有考虑样本的类别，是完全的无监督过程，忽略了样本的类别信息在字典学习中的重要作用。因此，本章针对以上问题提出了一种结合聚类分析的有监督字典学习方法，用多层的仿射传播（Affinity Propagation，AP）[6]聚类算法来构造初始字典。仿射传播聚类算法最大的优势在于不需要人为设定初始聚类数目，构造的字典中的原子个数是由算法自动确定的。在实验中，我们发现利用多层的仿射传播聚类算法构造的字典已经具有与文献[5]中经过复杂的字典学习过程而得到的字典接近的表示能力。为了充分利用原子的类别信息，本章在基于聚类分析构造的初始字典的基础上，进一步利用了 Fisher 判别准则进行有监督学习，从而保证了样本在字典上的线性表示系数向量具有较小的类内距离和较大的类间距离。在接下来的章节中，我们将详细介绍算法的步骤及其使用方法。

8.1　特征提取

8.1.1　SIFT 算法提取特征

尺度不变特征转换（Scale-Invariant Feature Transform，SIFT）[7]是一种非常流行的图像局部特征描述算法，该方法的实质是在不同的尺度空间上查找关键点，并计算出关键点的方向。对图像的旋转、尺度缩放、亮度变化，SIFT 算法提取到的特征都能够保持不变。利用 SIFT 算法，可以从一幅图像中提取若干个关键点（SIFT 特征点）用于描述该图像信息。最初提出的 SIFT 算法是用于图像匹配的，通过对两幅图像分别提取一定数量的 SIFT 特征点，根据 SIFT 特征点的匹配程度来判断两幅图像内容是否相同。之后，由于 SIFT 算法生成的特征描述子能够很好地描述图像的局部信息，并且能很方便地与其他形式的特征向量进行组合，而被广泛应用于图像的特征提取。

SIFT 特征描述子的生成可以概括为以下几个步骤。① 构建尺度空间，检测所有极值点，获得关键点的尺度不变性；② 对第①步得到的极值点进行筛选和过滤，并最终确定关键点的位置；③ 计算关键点在各个方向的方向值；④ 对每个关键点生成特征描述子。在文献[7]中，作者建议用一个 128×1 的特征描述子来表示关键点，它包含了关键点周围图像所包含的丰富信息。

下面具体介绍每个关键点的特征描述子的生成过程。首先，以关键点为中心取 8×8 的窗口，如图 8-1（a）所示，每个小格代表关键点周围的一个像素，其中箭头方向代表了该像素的梯度方向，而箭头长度代表了梯度的模值，图中圆圈区域代表了高斯加权的范围，其中越靠近关键点的像素，其梯度方向的信息贡献就越大。然后，在每个 4×4 的小区域上计算 8 个方向的梯度，并计算出每个梯度方向的累加值，形成一个种子点，如图 8-1（b）所示。在图 8-1（b）中一个关键点由 2×2 共 4 个种子点组成，每个种子点包含了 8 个方向的信息，这种包含多个方向信息的表示方式，能够增强算法的抗噪能力。通过对关键点周围图像区域进行分块，并统计得到每个块内的梯度方向直方图，从而生成一个具有独特性的描述子，这个描述子是对该区域图像信息的一种抽象，具有唯一性。在实际的实验中，我们对每个关键点选择其周围 16×16 的区域进行分块，进而生成了 4×4 共 16 个种子点。这样对于检测到的每一个关键点都用一个 128×1 维的特征向量来表示。最后将该特征向量进行归一化，还可以进一步去除由于光照变化而产生的对图像中关键点的影响。

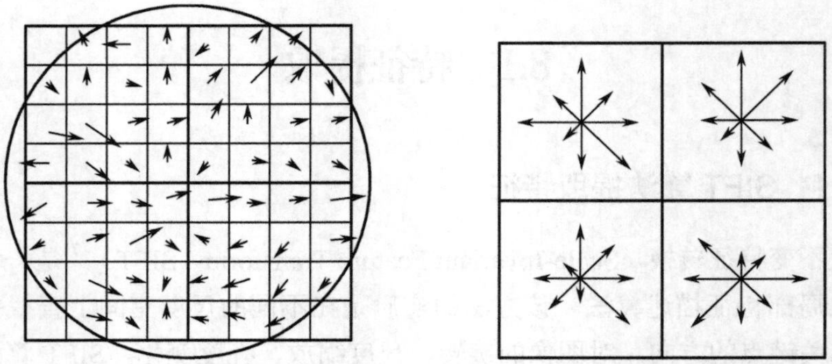

（a）邻域梯度方向　　（b）种子点8个方向梯度

图 8-1　关键点特征描述子的生成过程

尽管 SIFT 算法具有很多优点，在图像匹配方面取得了令人瞩目的成果，但是在模式分类的应用中也表现出一些缺点。这主要是由于以下两个原因。第一，每个图像样本上提取到的关键点的个数是不固定的，边缘信息或者拐角信息丰富的样本提取到的关键点就特别多，而相对平滑一些的图像提取到的关键点数又很少，这就使每个类别的样本特征信息不均匀，对模式分类产生影响。第二，SIFT 特征描述子表达的图像信息过于细碎，这就意味着必须使用图像中的所有关键点来表达，而不能仅仅使用其中的几个。所以，在文献[8]中，作者提出使用密集的规则网格来代替 SIFT 算法中对关键点周围区域的分块，这样使得对于每幅图像样本，只要大小一样，设定的网格大小一样，计算得到的特征描述子的个数就是一样的。在本章的实验中，使用的是这种特征提取方法。

8.1.2　特征编码

在提取了样本图像的关键点后，如何有效地利用这些关键点来得到图像的特征表示是接下来的关键问题。通过借鉴了文本分类中词袋模型的思想，文献[9]提出了基于关键点的词袋方法。基于关键点的词袋方法本质上是统计得到给定图像中所具有的特定模式的直方图。这种方法将图像看作一个无序的局部特征的集合，并且已经在模式分类的应用中取得了令人称赞的结果[10,11]。但是，这种方法完全忽略了关键点在图像中的空间位置信息，所以限制了其对图像空间信息的表达能力。为了将局部信息和空间信息进行融合，文献[8]提出了空间金字塔匹配方法，将两者进行了融合。

如图 8-2 所示，在该示例中，图像样本由三种特征模式来表示，分别为圆形、菱形和十字形。图像样本被分成了 3 个不同尺度的多个区域，然后统计得到每个尺度下的每个区域中所具有的三种特征模式的直方图，最后将这些小的直方图向量进行加权融合构成了一个大的直方图向量作为图像的特征向量，用于描述图像中包含的信息。

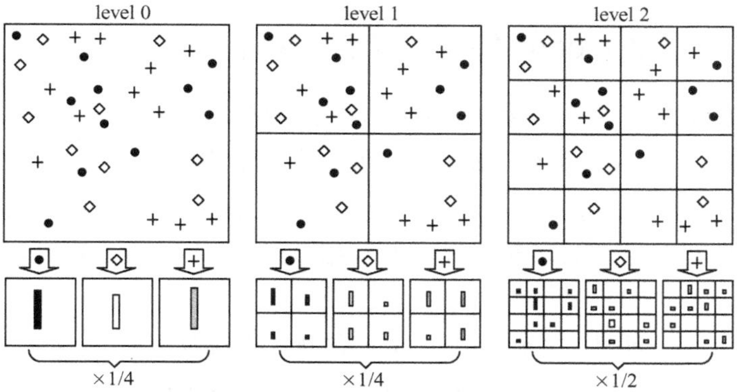

图 8-2　构建三层空间金字塔的示例[8]

但是，在经过 SIFT 算法提取特征后，每幅样本图像中都包含了大量的 SIFT 特征点，因此，在利用词袋模型之前需要确定模型中的关键特征模式。如果我们具有一个能够对关键点进行量化的字典，那么每个图像样本都可以用一个统一的特征模式的直方图向量来表示。在文献[8]中，作者使用了 K-means 聚类算法来构造关键特征模式，也称为视觉关键词。将所有类别的聚类中心看作视觉关键词，那么这些关键特征模式就构成了量化的字典。确定关键特征模式后，需要将原始的 SIFT 特征点用统一的特征模式表示，通过计算每个 SIFT 特征点与字典中每个原子的欧氏距离来判断这个 SFIT 特征点被量化到哪一个视觉关键词上。具体地，假设 $\boldsymbol{x}\in\mathbf{R}^m$ 表示图像中的一个 SIFT 特征点，字典 $\boldsymbol{D}$ 表示为 $\boldsymbol{D}=[\boldsymbol{d}_1,\boldsymbol{d}_2,\cdots,\boldsymbol{d}_n]\in\mathbf{R}^{m\times n}$。其中，$m$ 表示 SIFT 特征点的维数，n 表示字典中原子的个数。向量量化的过程实质上是计算下面的问题：

$$J(\boldsymbol{u}_m)=\arg\min\|\boldsymbol{x}-\boldsymbol{D}\boldsymbol{u}_m\|_2 \tag{8-1}$$

其中 $\boldsymbol{u}_m$ 是系数向量并且只有一个分量是非零值。显然，这种量化方式是非常严格的，并且在量化后丢失了很多信息。所以，Yang[5]使用了稀疏表示理论增加了量化的弹性，对系数向量 $\boldsymbol{u}_m$ 不是严格地限制其只有一个非零值，而是允许有少量的非零值，可以用式（8-2）描述：

$$J(\boldsymbol{u}_m)=\arg\min\{\|\boldsymbol{x}-\boldsymbol{D}\boldsymbol{u}_m\|_2+\lambda|\boldsymbol{u}_m|\} \tag{8-2}$$

其中 λ 是正则化参数。在得到松弛的量化系数后，可以利用最大池化（Max Pooling）方法完成量化，即将该样本量化到具有最大系数的原子上。

8.2 构造字典

8.2.1 基于 K-means 的无监督字典学习

在原始的词袋模型中，通常使用 K-means 聚类算法来构造字典。通过对所有样本的 SIFT 特征点进行聚类，聚类中心就作为原子构成了字典。但是，一幅图像样本中提取到的 SIFT 特征点就有几百到几千个，那么所有训练样本的 SIFT 特征点的集合将是非常庞大的，对这样大的数据量进行 K-means 聚类，结果将是非常不稳定的。

为了避免这个问题，文献[5]使用了一种新的字典学习方法。首先从所有训练样本的 SIFT 特征点中随机选择一部分，构成 SIFT 特征点集合，表示为 $\boldsymbol{X}=[\boldsymbol{x}_1,\boldsymbol{x}_2,\ldots,\boldsymbol{x}_k]\in\mathbf{R}^{m\times k}$，其中 k 表示所选择的特征点数量。字典学习的目标函数定义为

$$J(\boldsymbol{D},\boldsymbol{U})=\arg\min_{\boldsymbol{D},\boldsymbol{U}}\|\boldsymbol{X}-\boldsymbol{D}\boldsymbol{U}\|_2+\lambda|\boldsymbol{U}| \tag{8-3}$$

式中，$\boldsymbol{U}$ 是由所选特征点在字典 $\boldsymbol{D}$ 上的系数向量构成的矩阵。式（8-3）本身不是一个凸优化问题，但是当固定矩阵 $\boldsymbol{D}$ 或 $\boldsymbol{U}$ 后，原式都转化为一个凸优化问题，可以使用交替迭代的学习方法进行求解。

8.2.2 基于仿射传播聚类的有监督学习

对于无监督学习方法来说，最大的问题是没有使用到训练样本的类别信息，而事实上训练样本的类别是已知的。为了在字典学习的过程中充分利用到训练样本的类别信息，本章提出了一种结合仿射传播（Affinity Propagation，AP）聚类算法和基于 Fisher 判别准则的有监督字典学习方法。

AP 算法是一种非常著名且有效的聚类算法，与其他聚类算法相比，AP 算法对初始值不敏感，并且能够通过计算样本之间的关系自动确定聚类的类别数。在算法中，通过使用相似性度量 $s(\boldsymbol{m},\boldsymbol{n})$ 来判断样本 $\boldsymbol{V}_m$ 是否适合使用样本 $\boldsymbol{C}_n$ 作为聚类中心[12]，具体表示为

$$s(\boldsymbol{m},\boldsymbol{n})=-\|\boldsymbol{V}_m-\boldsymbol{C}_n\|_2 \tag{8-4}$$

在 AP 算法中，有两种信息在样本之间进行交换，分别为样本的责任度和隶属度。责任度 $r(\boldsymbol{i},\boldsymbol{k})$ 反映了使用样本 $\boldsymbol{k}$ 来代替样本 $\boldsymbol{i}$ 的适合程度，隶属度 $a(\boldsymbol{i},\boldsymbol{k})$ 反映了样本 $\boldsymbol{i}$ 对样本 $\boldsymbol{k}$ 作为聚类中心的隶属程度。算法的迭代过程就是这两种信息不断

互相交换的过程，直到各个样本的隶属度不变，迭代才停止。责任度矩阵和隶属度矩阵之和的最大值所对应的样本被选为聚类中心。

尽管 AP 算法具有能够自动确定聚类类别数的优点，但是由于它是一种基于图理论的算法，所以当样本数量增加时，算法的时间复杂度也会迅速增加。为了解决这个问题，本章采用了一种“分而治之”的思想，即对每个类别的样本进行单独处理。在本章的方法中，我们提出了一种多层 AP 聚类算法，能够并行快速地确定每个类别样本中的代表点。这些代表点在一定程度上已经可以作为视觉关键词来构造字典，但是为了增强字典的判别能力，本章进一步将这些代表点作为将要在下一节中介绍的基于 Fisher 判别准则的字典学习方法的初始输入，以使新学习到的字典在线性表示时具有更强的判别能力。图 8-3 展示了本章提出的多层 AP 聚类算法框架。

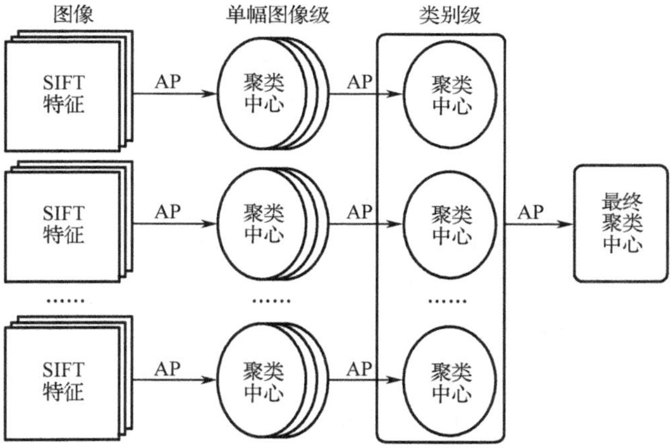

图 8-3　多层 AP 聚类算法框架

在该框架下，操作的对象级别是由小到大的。首先是单幅图像级，即对每幅图像中检测到的 SIFT 特征点集合使用 AP 算法，得到每幅图像的聚类中心。然后将属于同一类别的聚类中心聚集在一起，构成类别级的初始样本，对此集合再做一次 AP 聚类，得到每个类别的聚类中心。之后，将所有类别的聚类中心聚集在一起作为构成字典的初始数据，再一次经过聚类计算，得到最终的聚类中心，将这些聚类中心作为原子，便得到了基于多层 AP 聚类算法的字典。在该字典的整个构造过程中，我们始终以样本的类别信息作为划分依据，利用同类样本点的聚集性，从中计算出所有的关键点，尽可能地保证在向量量化的过程中减少信息的丢失。

8.2.3 基于 Fisher 判别准则的字典学习

在利用多层 AP 聚类算法得到的聚类中心的基础上，为了进一步增强字典的判别能力，挖掘出隐藏在样本之间的判别信息，使得样本在字典上的线性表示系数同样具有判别性，本章以得到的聚类中心作为初始样本，对其进一步采用了基于 Fisher 判别准则（Fisher Discrimination Criterion, FDC）[13]的字典学习方法。

具体地，假设字典 $\boldsymbol{D}=[\boldsymbol{D}_1,\boldsymbol{D}_2,\cdots,\boldsymbol{D}_i,\cdots,\boldsymbol{D}_c]$，其中 $\boldsymbol{D}_i$ 是与第 i 类样本相关的子字典，c 是总的样本类别数。定义矩阵 $\boldsymbol{A}=[\boldsymbol{A}_1,\boldsymbol{A}_2,\cdots,\boldsymbol{A}_i,\cdots,\boldsymbol{A}_c]$ 为训练样本的集合，其中 $\boldsymbol{A}_i$ 是由多层 AP 聚类算法生成的与第 i 类样本相关的聚类中心。字典矩阵 $\boldsymbol{D}$ 和系数矩阵 $\boldsymbol{X}$ 可以通过式（8-5）进行求解：

$$J(\boldsymbol{X},\boldsymbol{D})=\min\{\|\boldsymbol{A}-\boldsymbol{D}\boldsymbol{X}\|_2+\lambda\|\boldsymbol{X}\|_1\} \tag{8-5}$$

其中，$\boldsymbol{X}=[\boldsymbol{X}_1,\boldsymbol{X}_2,\ldots,\boldsymbol{X}_i,\ldots,\boldsymbol{X}_c]$，$\boldsymbol{X}_i$ 是训练样本 $\boldsymbol{A}_i$ 在字典 $\boldsymbol{D}$ 上的线性表示系数编码矩阵；λ 表示正则化参数。在式（8-5）中，我们希望字典 $\boldsymbol{D}$ 能够对样本 $\boldsymbol{A}$ 具有很强的表示能力，同时也希望对于不同类别的样本，它们的线性表示系数 $\boldsymbol{X}$ 能够具有最大化的差异。基于以上两个方面的考虑，我们可以将目标函数重写为

$$J(\boldsymbol{X},\boldsymbol{D})=\min\{\|\boldsymbol{A}-\boldsymbol{D}\boldsymbol{X}\|_2+\lambda_1\|\boldsymbol{X}\|_1+\lambda_2 F(\boldsymbol{X})\} \tag{8-6}$$

其中，$F(\boldsymbol{X})$ 是基于 FDC 的正则化项，λ_1 和 λ_2 是两个非零的正则化参数。加入 $F(\boldsymbol{X})$ 约束的目的是使 $\boldsymbol{X}$ 的类内散度达到最小而类间散度达到最大。构造 $F(\boldsymbol{X})$ 的方法如下。假设 $\boldsymbol{X}_i$ 是对应第 i 类样本的编码矩阵，$i\in[1,c]$，$\boldsymbol{X}_i=[\boldsymbol{x}_{i1},\boldsymbol{x}_{i2},\cdots,\boldsymbol{x}_{ik},\cdots,\boldsymbol{x}_{iK_i}]$，$K_i$ 表示第 i 类样本的个数。对于 $\boldsymbol{X}_i$ 的均值 $\boldsymbol{m}_i$ 和方差 $\boldsymbol{s}_i^2$ 分别定义如下：

$$\boldsymbol{m}_i=\frac{1}{K_i}\sum_{k=1}^{K_i}\boldsymbol{x}_{ik} \tag{8-7}$$

$$\boldsymbol{s}_i^2=\sum_{k=1}^{K_i}(\boldsymbol{x}_{ik}-\boldsymbol{m}_i)(\boldsymbol{x}_{ik}-\boldsymbol{m}_i)^{\mathrm{T}} \tag{8-8}$$

得到每个类别的均值向量 $\boldsymbol{m}_i$ 后，所有类别样本的总的均值为

$$\boldsymbol{m}=\frac{1}{c}\sum_{i=1}^{c}\boldsymbol{m}_i \tag{8-9}$$

接下来，我们可以利用这些变量来定义类内散度 $\boldsymbol{S}_{\mathrm{W}}(\boldsymbol{X})$ 和类间散度 $\boldsymbol{S}_{\mathrm{B}}(\boldsymbol{X})$：

$$\boldsymbol{S}_{\mathrm{W}}(\boldsymbol{X})=\sum_{i=1}^{c}\boldsymbol{s}_i^2 \tag{8-10}$$

$$\boldsymbol{S}_{\mathrm{B}}(\boldsymbol{X})=\sum_{i=1}^{c}K_i(\boldsymbol{m}_i-\boldsymbol{m})(\boldsymbol{m}_i-\boldsymbol{m})^{\mathrm{T}} \tag{8-11}$$

显然，根据最小类内散度和最大类间散度的准则，我们可以很容易地定义 $F(\boldsymbol{X})$ 为 $\text{tr}[\boldsymbol{S}_{\text{W}}(\boldsymbol{X})-\boldsymbol{S}_{\text{B}}(\boldsymbol{X})]$。所以式（8-6）可以重写为

$$J(\boldsymbol{D},\boldsymbol{X})=\min\{\|\boldsymbol{A}-\boldsymbol{D}\boldsymbol{X}\|_2+\lambda_1\|\boldsymbol{X}\|_1+\lambda_2\text{tr}[\boldsymbol{S}_{\text{W}}(\boldsymbol{X})-\boldsymbol{S}_{\text{B}}(\boldsymbol{X})]\} \tag{8-12}$$

对于式（8-12）的求解，同样需要交替迭代两个步骤，分别为固定变量 $\boldsymbol{D}$ 时更新 $\boldsymbol{X}$ 和固定变量 $\boldsymbol{X}$ 时更新 $\boldsymbol{D}$。当固定字典 $\boldsymbol{D}$ 时，式（8-12）就转换为求解稀疏编码的问题，对矩阵 $\boldsymbol{X}$ 中的分量依次求解，当求解 $\boldsymbol{X}_i$ 时固定 $\boldsymbol{X}$ 中的其他分量。此时，可以利用迭代投影法（Iterative Projection Method，IPM）[14]进行求解。当固定系数矩阵 $\boldsymbol{X}$ 时，对字典矩阵 $\boldsymbol{D}$ 中的子字典依次求解，并且求解 $\boldsymbol{D}_i$ 时 $\boldsymbol{D}$ 中其他的分量是固定的。此时，式（8-12）求解可以利用文献[15]中的算法。总之，固定任何一个变量后，式（8-12）都转变为一个凸优化问题，利用常用的凸优化方法便可求解。

完整的算法步骤描述如下，其中我们定义了图像数据集为 $\mathcal{T}=\{\boldsymbol{I}_1,\boldsymbol{I}_2,\ldots,\boldsymbol{I}_c\}$，其对应的类别标签用符号 $\mathcal{L}=\{w_1,w_2,\ldots,w_c\}$ 表示。这样训练样本便可用数据对的形式表示，即 $\mathcal{D}=\{(\boldsymbol{I}_1,w_1),(\boldsymbol{I}_2,w_2),\ldots,(\boldsymbol{I}_i,w_i),\ldots,(\boldsymbol{I}_c,w_c)\}$，其中 $\boldsymbol{I}_i\in\mathcal{T}$，$w_i\in\mathcal{L}$。

算法 8-1　结合聚类分析和 Fisher 判别准则的有监督字典学习方法
步骤 1：对于每一个标签类别 $w_i\in\mathcal{L}$，随机地从这个标签类别的样本中选择 n_i 个训练样本构成子集 ws_i，$ws_i=\{ws_1,ws_2,\ldots,ws_{n_i}\}$； 步骤 2：对于子集 ws_i 中的每个样本，将其以 16×16 大小的网格进行有重叠的划分，并对划分后的每个小块提取 SIFT 特征点； 步骤3：将每个样本中包含的SIFT特征点集合使用AP聚类求出代表向量 $\boldsymbol{VI}_i$； 步骤 4：将这一类中的每个样本求出的代表向量 $\boldsymbol{VI}_i$ 聚集在一起构成新的集合 $\boldsymbol{VT}_i=\{\boldsymbol{VI}_1,\boldsymbol{VI}_2,\ldots,\boldsymbol{VI}_{n_i}\}$，再次使用 AP 聚类得到 $\boldsymbol{VT}_i$ 的代表向量 $\boldsymbol{VC}_i$； 步骤 5：将每个类得到的代表向量 $\boldsymbol{VC}_i$ 放在一起，构成了初始字典 $\boldsymbol{A}$，$\boldsymbol{A}=\{\boldsymbol{VC}_1,\boldsymbol{VC}_2,\ldots,\boldsymbol{VC}_c\}$； 步骤 6：对初始字典 $\boldsymbol{A}$ 利用式（8-12）进行学习，最后得到学习后的字典 $\boldsymbol{D}$； 步骤 7：利用字典 $\boldsymbol{D}$，求出每个样本基于空间金字塔匹配和稀疏编码量化的特征向量； 步骤 8：求出每个样本的特征向量后，随机选择训练集和测试集，使用线性支持向量机作为分类器完成模式分类。

8.3 实验与分析

为了验证算法 8-1 的性能，我们使用了两个常用的图像数据库进行实验，分别为十五类场景数据集[8]和 CalTech101 数据集[16]。在实验中，我们对比了三种方法在两个数据集上的作用结果，包括文献[5]中的 ScSPM 法；多层 AP 聚类算法下的字典构造方法，记为 AP-ScSPM 法；在 AP-ScSPM 基础上增加 Fisher 判别准则的有监督字典学习方法，记为本章方法。AP-ScSPM 法的工作是本章方法的前期准备部分。在实验中，利用训练样本在学习到的字典上的线性表示系数向量作为特征向量，分类器使用的是线性支持向量机。每一种实验方法都重复执行了 10 次，每次的训练样本和测试样本都是随机选择的，最终的结果是以 10 次分类正确率的均值和标准差的形式给出的，每次结果的分类正确率 A_i 定义为

$$A_i = \frac{N_c}{N} \tag{8-13}$$

式中，N_c 表示测试样本中测试结果正确的样本数，N 表示总的测试样本数。

8.3.1 十五类场景数据集

十五类场景数据集包含了 15 类场景共 4485 张图像样本，每个场景类包含的样本数量在 200 个到 400 个之间。图像场景内容有较大差别，包含了室内场景，例如卧室、厨房，也包含了室外场景，例如楼房和乡村。图 8-4 展示了这 15 个场景类别的示例图像。

对于十五类场景数据集，ScSPM 法从所有样本中随机选择了 200000 个小块用于字典学习，字典大小设为 1024。AP-ScSPM 法从每个样本中随机选择 30 个小块用于多层 AP 聚类。本章提出的方法在生成初始字典的过程中与 AP-ScSPM 法的设置一致。在分类的过程中，从每类样本中随机选择了 30 个图像作为训练样本，剩下的部分作为测试样本。表 8-1 展示了三种方法的实验结果，从表中可以看出，AP-ScSPM 法与 ScSPM 法的结果基本接近。不过实际上 AP-ScSPM 法省去了耗时的字典学习过程。而本章方法——在 AP-ScSPM 方法基础之上，进一步将其结果作为初始样本，并应用基于 Fisher 判别准则的有监督字典学习，能够进一步提高样本特征向量的可分性，从而得到更高的分类正确率。

图 8-4　十五类场景数据集的样本示例

表 8-1　不同方法在十五类场景数据集上的实验结果

使用算法	ScSPM 法	AP-ScSPM 法	本章方法
平均正确率	0.794337	0.798154	**0.812654**
标准差	0.011569	0.013385	0.012351

8.3.2　CalTech101 数据集

CalTech101 数据集，顾名思义，该数据集包含了 101 个类别的样本。图 8-5 展示了该数据集中的一些样本图像。

在这个数据集中，不同类别包含的样本数量变化非常大，从十几个到几百个不等。所以，我们从中选择了 40 个包含样本数量相近的类别，共 2643 个样本用于实验。然后，又随机将这 40 个类别分为两组，每组包含 20 个类别。在下面的实验中，我们分别把这三组实验数据命名为 Caltech-101-40、Caltech-101-20-a 和 Caltech-101-20-b。

表 8-2 给出了前述三种方法在 Caltech-101-20-a 数据集上的实验结果。从实验结果中可以看到，AP-ScSPM 法得到了比 ScSPM 法略差的结果，但是，在 AP-ScSPM 法的基础上，经过进一步学习的本章方法的实验结果要比 ScSPM 法的更好。这也表明了基于 Fisher 判别准则的字典学习方法是有效的。

图 8-5　CalTech101 数据集的样本示例

表 8-2　不同方法在 Caltech-101-20-a 数据集上的实验结果

使 用 算 法	ScSPM 法	AP-ScSPM 法	本章方法
平均正确率	0.845240	0.817134	**0.861241**
标 准 差	0.012530	0.00494	0.013265

表 8-3 给出了三种方法在 Caltech-101-20-b 数据集上的实验结果，与 Caltech-101-20-a 数据集相比，三种方法的平均正确率都有所下降。究其原因，这是因为这一组数据中样本的差异性更大，分类的难度也就更大，但是仍然可以看出本章方法的优势。

表 8-3　不同方法在 Caltech-101-20-b 数据集上的实验结果

使 用 算 法	ScSPM 法	AP-ScSPM 法	本章方法
平均正确率	0.746360	0.732775	**0.762352**
标 准 差	0.011988	0.019220	0.012362

表 8-4 给出了三种方法在 Caltech-101-40 数据集上的实验结果，当样本类别增多后，本章提出的方法依然具有明显的优势。

表 8-4　不同方法在 Caltech-101-40 数据集上的实验结果

使用算法	ScSPM 法	AP-ScSPM 法	本章方法
平均正确率	0.757612	0.738709	**0.768549**
标准差	0.015682	0.010446	0.013265

8.4　本章小结

在本章中，我们提出了一种结合聚类算法和 Fisher 判别准则的有监督字典学习方法，在字典学习的过程中，充分考虑了样本的类别信息，保证了不同类别的样本在字典上的线性表示系数具有最小类内散度和最大类间散度，增强了线性系数的判别能力。利用学习到的字典进行稀疏编码的向量量化后，不同类别的量化结果具有差异性，这些都促进了算法分类正确率的提高。

参 考 文 献

[1] Yang Y, Jiang Y G, Hauptmann A G, Ngo C W. Evaluating bag-of-visual-words representations in scene classification [C]//Proceedings of the International Workshop on Multimedia Information Retrieval, Augsburg, Bavaria, Germany, 2007, 197-206.

[2] Jurie F, Triggs B. Creating efficient codebooks for visual recognition[C]//Proceedings of International Conference on Computer Vision, Beijing, China, 2005, 604-610.

[3] Jegou H, Douze M, Schmid C. Improving bag-of-features for large scale image search[J]. International Journal of Computer Vision, 2010, 87(3):316-336.

[4] Macqueen J B. Some methods for classification and analysis of multivariate observations[C]//Proceedings of 5th Berkeley Symposium on Mathematical Statistics and Probability, Berkeley, University of California Press, 1967, 1:281-297.

[5] Yang J C, Yu K, Gong Y H, Huang T. Linear spatial pyramid matching using sparse coding for image classification[C]// Proceedings of IEEE Conference on Computer Vision and Pattern Recognition, Miami, USA, 2009, 1794-1801.

[6] Frey B J, Dueck D. Clustering by passing messages between data points[J].

Science, 2007, 315(5814):972-976.

[7] Lowe D G. Object recognition from local scale-invariant features[C]// Proceedings of the International Conference on Computer Vision, 1999, 1150-1157.

[8] Lazebnik S, Schmid C, Ponce J. Beyond bags of features: spatial pyramid matching for recognizing natural scene categories[C]// Proceedings of IEEE Conference on Computer Vision and Pattern Recognition, New York, USA, 2006, 2169-2178.

[9] Csurka G, Dance C R, Fan L X, et al. Visual categorization with bags of keypoints[C]//Proceedings of European Conference on Computer Vision Workshop on Statistical Learning in Computer Vision, Prague, Czech Republic, 2004, 1-22.

[10] Grauman K, Darrell T. The pyramid match kernels: discriminative classification with sets of image features[J]. Journal of Machine Learning Research, 2007, (8):725-760

[11] Willamowski J, Arregui D, Csurka G, et al. Categorizing nine visual classes using local appearance descriptors[C]//Proceedings of International Conference on Pattern Recognition Workshop on Learning for Adaptable Visual Systems, 2004, 17-21.

[12] Jiang W, Ding F, Xiang Q L. An affinity propagation based method for vector quantization codebook design[C]//Proceedings of International Conference on Pattern Recognition, Tampa, Florida, USA, 2008, 1-4.

[13] Duda R, Hart P, Stork D. Pattern Classification[M].Wiley, 2000.

[14] Rosasco L, Verri A, Santoro M, et al. Iterative projection methods for structured sparsity regularization[Z]. MIT Technical Reports, MIT-CSAIL-TR-2009-050, CBCL-282, 2009.

[15] Yang M, Zhang L, Yang J, Zhang D. Metaface learning for sparse representation based face recognition[C]//Proceedings of International Conference on Image Processing, 2010, 1601-1604.

[16] Li F F, Fergus R, Perona P. Learning generative visual models from few training examples: an incremental bayesian approach tested on 101 object categories[J]. Computer Vision and Image Understanding, 2007, 106(1):59-70.

第 9 章　基于核方法的加权组稀疏表示

在本书第 6 章中，详细介绍了基于稀疏表示分类模型的理论基础。在模型中，使用 l_1 范数作为正则化项来约束线性系数的稀疏性。尽管 l_1 范数能够限制系数向量的稀疏性，但是在尽可能选择更少的原子来表示测试样本的过程中，字典中每个原子被选择的概率是均等的。这是 l_1 范数自身的特点，但却是应用在分类问题上的缺点。因为 l_1 范数的这种性质使其在分类模型中没有考虑原子之间的相关性信息，事实上，在表示测试样本的过程中，同类别原子被同时选择的概率应该大一些，而不同类别之间的原子被选择的概率应该是均等的。Zou[1]在文献中就证明了在分类模型中使用 l_1 范数只会在一组相关的原子里选择某一个，这就会导致当训练样本中存在与测试样本非常相似但是却不属于同一类的情况时错误的分类结果。为了解决这个问题，Majumdar[2]提出了组稀疏分类（Group Sparse Classifier, GSC）方法。组稀疏分类方法通过混合 l_1 范数和 l_2 范数作为约束线性系数的正则化项，使得同组原子所对应的系数是稠密的而不同组原子对应的系数是稀疏的。这种方法的前提是样本分布的假设——测试样本能够由与其同类的训练样本线性表示。在同类样本相互表示的过程中，并没有对系数向量稀疏性进行约束。尽管组稀疏表示模型考虑了字典中同组原子在对测试样本表示过程中的相关性，但是在用于模式分类时又出现了新的问题。原因在于对于模式分类，同组原子是按构成原子的训练样本类别划分的，所以对同类样本的线性系数使用 l_2 范数进行约束时，会将这一类中的所有样本都考虑在内[3]。然而在实际应用中，在对测试样本进行线性表示时，即使是属于同一类别的训练样本在表示时也并非都有用，尤其在这类训练样本差异性较大时。属于同一类的训练样本之间也会存在差异性和噪声干扰，所以只有与测试样本属于同一类并且与其非常相似或相关的那些训练样本才在表示测试样本的过程中起着关键作用。例如，在人脸图像数据集中，某一个人的训练样本包含了其正面、左侧面、右侧面等多角度的信息以及其大哭、大笑等多种面部表情的样本数据。如果测试样本是这个人的正面大笑时的图像，那么对该测试样本进行线性表示时，只有训练样本中的正面和大笑的样本是与测试样本相关的，并且在线性表示测试样本中发挥关键作用。此时，如果使用了所有训练样本，那些其他角度和表情的样本很可能会对结果造成干扰。

基于以上分析，在本章中，我们首先介绍了组稀疏表示分类的基础理论和核方法的基础理论，并针对组稀疏表示在模式分类应用中存在的问题，提出了一种基于核方法的加权组稀疏表示分类方法，最后通过实验对该方法的有效性进行了验证。

9.1 组稀疏表示分类

与稀疏表示理论一样，假设有 N 个属于 c 个类别的训练样本构成了字典矩阵 $\boldsymbol{D}$，依据训练样本的类别将其自动地划分为 c 个小组（Group），在对测试样本 $\boldsymbol{y}$ 进行线性表示时混合 l_1 范数和 l_2 范数作为正则化项，具体定义为

$$\boldsymbol{x} = \arg\lim_{\boldsymbol{x}} \left\{ \| \boldsymbol{y} - \boldsymbol{D}\boldsymbol{x} \|_2 + \lambda \sum_{j=1}^{c} \| \boldsymbol{x}_{G_j} \|_2 \right\} \tag{9-1}$$

其中，$\boldsymbol{x}$ 是测试样本 $\boldsymbol{y}$ 在字典矩阵 $\boldsymbol{D}$ 下的线性表示系数；$\boldsymbol{x}_{G_j}$ 表示与第 j 个小组样本相对应的系数向量；G_j 是所有原子中属于第 j 个小组成员的索引，$j=1, 2, \cdots, c$；λ 是一个非负值的正则化参数。式（9-1）中第二项的求和部分是 l_1 范数的另一种表示方式，从中可以看出组稀疏表示是对同一小组的系数使用了 l_2 范数进行约束，而对不同小组 l_2 范数的结果使用了 l_1 范数进行约束，这就保证了求出的系数向量是组内稠密而组间稀疏的。求出系数向量后，再根据测试样本在每类训练样本上的重构误差来决定所属的类别。

9.2 核方法理论

核方法是机器学习领域非常重要的理论，它已经被成功地应用在模式识别领域和函数估计中，如支持向量机（Support Vector Machine，SVM）[4,5]、基于核方法的聚类方法[6,7]及基于核方法的主成分分析（Kernel Principal Component Analysis，KPCA）[8]等。根据模式识别理论，在低维特征空间中不能用线性表示方法分开的样本，通过非线性映射到高维特征空间后，则可能实现线性可分。但是特征映射需要确定很多问题，包括非线性映射函数的表达形式、映射函数的参数，以及高维特征空间的维数等，这些问题在实际应用中是难以解决的。不过核方法理论的提出有效地解决了这些问题。在本质上，核方法是一种特征映射方法，通过非线性映射把原来位于低维特征空间的样本映射到一个更高维的特征空间，却不需要知道非线性映射函数的具体表达形式和高维特征空间的维数。根据核方法理论，在核空间中，样本的分布情况会发生改变。在高维特征空间里，不同类别的样本

之间将会分隔得更远而同类样本将会更加聚集在一起。核方法的最大优点就在于它能够很容易地将线性方法扩展为非线性方法。基于核方法的这种特性，文献[9,10]提出了一些基于核方法的稀疏表示分类方法。但是已有的这些方法都是利用核方法的性质将特征向量做简单的特征映射，在核空间中计算距离的。事实上，可以通过两个样本之间的内积来衡量其在核空间中的相似性。因此，本章提出了一种基于核方法的加权组稀疏表示分类方法，将核函数（其值等于样本内积）应用于样本的特征提取和字典中小组的构造，并在计算权值的过程中也考虑了测试样本与原子之间的相似度。

具体地，将核函数形式化定义，假设原始特征空间中两个样本的内积表示为$<\boldsymbol{x},\boldsymbol{y}>$，经过映射后表示为$<\phi(\boldsymbol{x}),\phi(\boldsymbol{y})>$，那么核函数定义为

$$k(\boldsymbol{x},\boldsymbol{y})=\phi(\boldsymbol{x})^{\mathrm{T}}\phi(\boldsymbol{y}) \tag{9-2}$$

其中$\boldsymbol{x}$和$\boldsymbol{y}$代表原始特征空间中的两个样本，ϕ代表与核函数k相关的一种隐式的非线性映射函数。核方法的优势就在于我们不需要知道映射函数ϕ的具体表达形式，而是用核函数来直接求得两个原始特征空间中的样本在进行了特征映射后在高维特征空间的内积。从式（9-2）中可以看到，核函数实际上计算的是高维特征空间中向量的内积，根据余弦相似度可以发现，如果$\boldsymbol{x}$与$\boldsymbol{y}$的向量夹角越小，那么核函数值就越大，反之，核函数值越小。因此，核函数值可以作为判断高维特征空间中$\phi(\boldsymbol{x})$和$\phi(\boldsymbol{y})$相似度的一种度量。常用的核函数有多项式核函数：

$$k(\boldsymbol{x},\boldsymbol{y})=(1+<\boldsymbol{x},\boldsymbol{y}>)^{p} \tag{9-3}$$

和径向基核函数：

$$k(\boldsymbol{x},\boldsymbol{y})=\exp(-\|\boldsymbol{x}-\boldsymbol{y}\|_2)/2\sigma^2 \tag{9-4}$$

其中p和σ是需要设定的参数。我们可以直接将对式（9-2）的计算转化为计算式（9-3）和式（9-4）。

9.3 基于核方法的加权组稀疏表示分类

通过对核函数特点的分析，针对现有的组稀疏表示在用于分类问题时出现的问题，本章所提出的基于核方法的加权组稀疏表示方法，充分利用了核函数的相似性度量功能，将原始特征空间中的样本进行了特征变换，同时，根据测试样本与训练样本之间的相似性，自动地确定了构成字典的原子以及原子的分组情况，并提出了一种基于每组中原子的总数及原子与测试样本之间相似度的权值计算方法。

9.3.1 基于核函数的特征变换方法

在目前的基于核方法的稀疏表示分类方法中，通常的方法是将全局重构误差项的完全平方表示进行展开，进而转化为内积的表达形式，然后只需要将表达式中包含的原始特征向量的内积部分用核函数代替，即用映射空间中的样本的内积代替，从而就完成了将线性方法转化为非线性方法的过程。但是，本章提出的方法与之完全不同——我们将核函数的特性用在了样本的特征变换上。从式（9-2）中可以看到，核函数表示的是两个原始特征空间中的样本在做了非线性变换ϕ后，在新的特征空间中的内积，而内积运算实际上可以看作样本空间中两个样本的一种相似性度量方法，即余弦相似度度量。定义如下：

$$\text{similarity}(\boldsymbol{x},\boldsymbol{y})=\cos\theta=\frac{\boldsymbol{x}\cdot\boldsymbol{y}}{\|\boldsymbol{x}\|\cdot\|\boldsymbol{y}\|} \tag{9-5}$$

由式（9-5）可以看到，决定余弦相似度大小的关键是这两个向量的内积。而核函数计算的也正是高维特征空间中两个向量的内积。

所以，利用式（9-2），我们可以用这种内积表征两个样本在新的特征空间中的相似程度，核函数值越大，表明这两个样本在核空间中的差异越小。本章正是利用了核函数的这种特性，将原始特征空间中的样本进行了变换，提出了这种基于核函数的特征变换方法。

具体地，假设所有训练样本构成了字典矩阵$\boldsymbol{X}=[\boldsymbol{x}_1,\boldsymbol{x}_2,\cdots,\boldsymbol{x}_N]$，$N$是样本总数。以样本$\boldsymbol{x}_i$为例，特征转换式定义为

$$\boldsymbol{f}_{\boldsymbol{x}_i}=k(\boldsymbol{X},\boldsymbol{x}_i)=[k(\boldsymbol{x}_1,\boldsymbol{x}_i),k(\boldsymbol{x}_2,\boldsymbol{x}_i),\cdots,k(\boldsymbol{x}_j,\boldsymbol{x}_i),\cdots,k(\boldsymbol{x}_N,\boldsymbol{x}_i)]^{\mathrm{T}} \tag{9-6}$$

式中函数 k 是预先定义的核函数，不同的核函数可以将原始数据转换到不同的核特征空间中。对于特征向量$\boldsymbol{f}_{\boldsymbol{x}_i}$，如果样本$\boldsymbol{x}_j\in\boldsymbol{X}$在特征空间中与样本$\boldsymbol{x}_i$的距离比较近，那么向量$\boldsymbol{f}_{\boldsymbol{x}_i}$中分量$k(\boldsymbol{x}_j,\boldsymbol{x}_i)$的值比较大。因为字典$\boldsymbol{X}$中包含了所有类别的样本，所以对于任意一个样本，在新的特征向量$\boldsymbol{f}$中，只有跟与其同类别的$\boldsymbol{x}_j$样本做内积，$k(\boldsymbol{x}_j,\boldsymbol{x}_i)$的分量才比较大。那么，在特征向量$\boldsymbol{f}$中，会出现只有其中某一段的分量偏大，而其余部分的分量都比较小的情况。并且对于不同类别的样本来说，在其变换后的特征向量中，值比较大的分量出现在向量中的位置也是不同的。因此，在转换后的特征空间中，同类样本的特征向量是比较靠近的，而不同类别的样本之间在特征向量上是有较大差异的，而这种性质是我们在特征提取阶段最希望得到的结果，也是特征提取部分所要达到的目的。

9.3.2　自适应的字典构造

在本章的方法中，我们提出了一种新的构造字典并对字典中原子进行分组的方法，使得每个小组中成员的个数是自动确定的。对于每个类别中的训练样本，我们不再将其全部用于表示测试样本，而是自适应地从中选择一部分与测试样本非常相关的训练样本来构成这一类的小组成员。具体地，假设 $\boldsymbol{X}_i=[\boldsymbol{x}_{i1},\boldsymbol{x}_{i2},\cdots,\boldsymbol{x}_{in_i}]$ 是第 i 类的训练样本，n_i 是第 i 类训练样本的总数。基于核函数的定义，我们可以得到与第 i 类训练样本相关的核函数矩阵，具体表示为

$$\boldsymbol{K}_i=\begin{bmatrix} k(\boldsymbol{x}_{i1},\boldsymbol{x}_{i1}) & k(\boldsymbol{x}_{i1},\boldsymbol{x}_{i2}) & \cdots & k(\boldsymbol{x}_{i1},\boldsymbol{x}_{in_i}) \\ k(\boldsymbol{x}_{i2},\boldsymbol{x}_{i1}) & k(\boldsymbol{x}_{i2},\boldsymbol{x}_{i2}) & \cdots & k(\boldsymbol{x}_{i2},\boldsymbol{x}_{in_i}) \\ \cdots & \cdots & \cdots & \cdots \\ k(\boldsymbol{x}_{in_i},\boldsymbol{x}_{i1}) & k(\boldsymbol{x}_{in_i},\boldsymbol{x}_{i2}) & \cdots & k(\boldsymbol{x}_{in_i},\boldsymbol{x}_{in_i}) \end{bmatrix} \tag{9-7}$$

矩阵 $\boldsymbol{K}_i$ 是一个对称矩阵，实际上表示的是第 i 类训练样本的相似度矩阵，如果两个样本越相似，那么对应的相似度矩阵的分量值就越大。对于第 i 类训练样本的核矩阵 $\boldsymbol{K}_i$，我们定义了一个阈值：

$$m_i=\min(\boldsymbol{K}_i(:)) \tag{9-8}$$

m_i 表示在第 i 类的所有训练样本中最不相似的度量程度，即在这一类样本中，任意两个样本中距离最大的样本所对应的相似度。在构造字典的原子时，以该阈值作为选择原子的依据。

具体方法为，对于测试样本 $\boldsymbol{y}$，在第 i 类训练样本中，只有与测试样本在特征空间中距离比较近的样本才能被选中作为原子，同属一类的原子被划分到同一组中，而那些与测试样本距离比较远的样本则认为在表示测试样本的过程中作用不大，可以忽略。判别第 i 类的样本与测试样本 $\boldsymbol{y}$ 之间的距离远近的参考依据就是式（9-8）求出的 m_i。

我们首先利用式（9-6）计算出测试样本 $\boldsymbol{y}$ 与属于第 i 类的训练样本 $\boldsymbol{X}_i$ 之间的基于核函数的特征转换，得到向量 $\boldsymbol{f}_{i,y}=k(\boldsymbol{X}_i,\boldsymbol{y})=[k(\boldsymbol{x}_{i,1},\boldsymbol{y}),\cdots,k(\boldsymbol{x}_{i,j},\boldsymbol{y}),\cdots,k(\boldsymbol{x}_{i,n_i},\boldsymbol{y})]$。在向量 $\boldsymbol{f}_{i,y}$ 中，如果分量 $k(\boldsymbol{x}_{i,j},\boldsymbol{y})$ 的值大于阈值 m_i，则表明在核空间中，样本 $\boldsymbol{x}_{i,j}$ 与测试样本 $\boldsymbol{y}$ 之间的距离是比较近的，那么第 i 类中的第 j 个训练样本就被选择为字典中的原子，并将其归为第 i 组原子的成员。如果分量 $k(\boldsymbol{x}_{i,j},\boldsymbol{y})$ 的值小于阈值 m_i，则表明样本 $\boldsymbol{x}_{i,j}$ 与测试样本之间的相似度不符合最小值的限制，说明样本 $\boldsymbol{x}_{i,j}$ 不能很好地对测试样本进行线性表示，从而将其从字典中删除。因此，在本章提出的字典构造和分组的方法中，每个小组中成员的确定是由测试样本和训练样本共同

决定的，而不是机械地使用全部训练样本。针对不同的测试样本，能够自适应地确定一个与该测试样本相关的字典，在这个自适应学习到的字典当中，所有原子都与测试样本有一定的相关性，并且能够通过核函数的取值来判别这种相关性的大小。这种新的自适应字典构造方法能够更灵活地选择原子，并排除了一些干扰数据，从而降低了字典的规模，提高了算法的效率。

9.3.3 加权组稀疏表示分类算法

自适应的字典构造好后记为$\boldsymbol{G}$，然后按照原子所属的类别分为c个组$\boldsymbol{G}_1,\boldsymbol{G}_2,\cdots,\boldsymbol{G}_c$（其中$c$是字典中类别的个数），并且任意两个组的交集为空，即$\boldsymbol{G}_i\cap\boldsymbol{G}_j=\varnothing$，$i\neq j$。对于不同的测试样本，字典$\boldsymbol{G}$是自适应确定的，字典中原子的分组以及组的成员是不固定的，这些变量都是根据 9.3.2 节中介绍的方法来确定的。当这些变量都确定后，加权组稀疏表示的目标函数定义如下：

$$\boldsymbol{x}=\arg\min_{\boldsymbol{x}}\{\|k(\boldsymbol{G},\boldsymbol{y})-k(\boldsymbol{G},\boldsymbol{G})\boldsymbol{x}\|_2+\sum_{i=1}^{c}w_i\|\boldsymbol{x}_{G_i}\|_2\} \tag{9-9}$$

在式（9-9）中，$k(\boldsymbol{G},\boldsymbol{y})$为测试样本$\boldsymbol{y}$在核空间中的特征向量；$k(\boldsymbol{G},\boldsymbol{G})$为字典$\boldsymbol{G}$中每个原子在核空间中做特征变换后生成的新矩阵；$\boldsymbol{x}_{G_i}$表示线性系数中与第$i$组原子相关的系数分量组成的向量；$w_i$表示第$i$组原子的权值，用于表示第$i$组原子在对测试样本线性表示时的重要程度。在本章的方法中，每组原子的权值是根据组内原子的个数以及组内原子与测试样本的相似程度来确定的。我们认为经过自适应的字典构造后，如果组内的原子数越多，说明该组原子越重要，另外，如果组内的原子与测试样本高度相似，那么说明这一组原子很可能与测试样本位于同一个子空间，所对应的权值需要设置得大一些。具体地，求权值w_i的公式定义为

$$w_i=\frac{N_i}{N}+\mathrm{sum}(k(\boldsymbol{G}_i,\boldsymbol{y})) \tag{9-10}$$

其中，N_i表示第i组原子的个数，N表示字典$\boldsymbol{G}$中原子的总数。在式（9-10）中，权值的第一项N_i/N用于描述第i组原子的个数占总原子数的比例。当第i组中的原子个数较多时，说明这一组样本与测试样本的相关性较大，则权值w_i自然是比较大的。式（9-10）中的第二项表达式与第一项具有相同的作用，同样用来衡量这一组原子与测试样本的相关性，相关性越大，w_i的取值就越大。对于式（9-9）中的优化问题，本章使用的基于组的基追踪优化方法[11]。

利用式（9-9）求出组稀疏表示的线性系数后，判断测试样本类别的方法仍然是单类样本的重构误差，测试样本$\boldsymbol{y}$被归类到具有最小单类重构误差的类别：

$$d(\boldsymbol{y})=\arg\min R_i(\boldsymbol{y})=\min\|k(\boldsymbol{G},\boldsymbol{y})-k(\boldsymbol{G},\boldsymbol{G})\delta_i(\boldsymbol{x}_{G_i})\|_2 \tag{9-11}$$

式中，函数 $\delta_i(\boldsymbol{x}_{G_i})$ 表示对于系数向量 $\boldsymbol{x}$，只保留第 $\boldsymbol{G}_i$ 组原子所对应的系数分量，并将其余分量都设为零。表达式 $k(\boldsymbol{G},\boldsymbol{G})\delta_i(\boldsymbol{x}_{G_i})$ 则表示在核空间中，仅仅使用第 $\boldsymbol{G}_i$ 组原子得到的对测试样本 $\boldsymbol{y}$ 的近似表示。

完整的算法描述如下。

算法 9-1　基于核方法的加权组稀疏表示分类
输入：c 个类别的训练样本矩阵 $\boldsymbol{F}=[\boldsymbol{F}_1,\boldsymbol{F}_2,\cdots,\boldsymbol{F}_c]\in \boldsymbol{R}^{m\times N}$ 以及测试样本 $\boldsymbol{y}$。
步骤 1：根据式（9-7）和式（9-8）计算每个类的核矩阵 $\boldsymbol{K}_i$ 和阈值 m_i；
步骤 2：计算测试样本与每个类别的核空间特征转换 $\boldsymbol{f}_{i,y}=k(\boldsymbol{F}_i,\boldsymbol{y})$；
步骤 3：自适应地构造字典 $\boldsymbol{G}$，确定每组成员 $\boldsymbol{G}_i$，根据式（9-10）计算每组的权值大小 w_i；
步骤 4：求解式（9-9）的目标函数，计算式（9-11）中的每个类的重构误差。
输出：测试样本 $\boldsymbol{y}$ 的类别。

9.4　实验与分析

为了验证所提出算法的有效性，我们在三个数据集上做了实验，分别是 ORL 数据集[12]、Extended Yale B[13]和 AR[14]数据集。在实验中，对于原始数据下采样降维。使用的核函数是式（9-3）中定义的多项式核函数，参数 p 设定为 2。每组实验都重复执行了十次，最终的分类结果是十次实验结果的平均值。

9.4.1　实验数据

1．ORL 数据集

ORL 数据集包含了 40 个不同的类别，每个类中都包含了 10 个不同的样本，每个样本在姿势和面部表情上都有变化。原始的图像数据是大小为 112×92 的灰度图像。对于 ORL 数据集，实验中使用的下采样比率是 1/8，下采样后图片大小变为 14×12，最终每个样本用一个 168 维的向量来表示。图 9-1 中展示了该数据集某一类中的 10 个不同表情的样本。图 9-2 中展示了原始图像及其下采样后得到的图像。在实验中，我们随机从每个类别的 10 个样本中选择一半作为训练样本，剩下的作为测试样本，所以总的训练样本数和测试样本数都为 200。

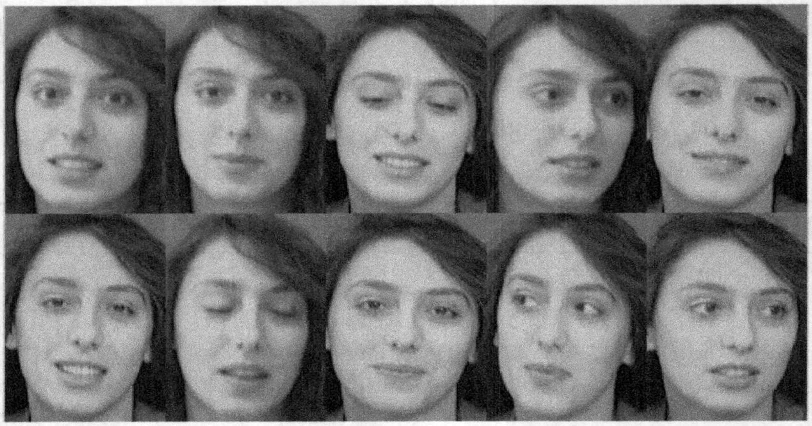

图 9-1　ORL 数据集的样本示例

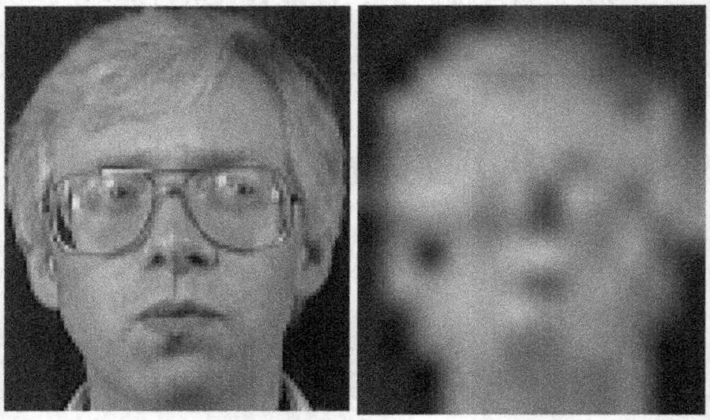

图 9-2　原始图像及其下采样图像

2. Extended Yale B 数据集

该数据集包含了 38 个类别的 2414 个样本。我们从每个类中选择 32 个样本作为训练样本，其余的作为测试样本，因此实验中，总的训练样本数和测试样本数分别为 1216 和 1198，每个原始样本是一个大小为 192×168 的灰度图像。在对这个数据集的处理上，实验中使用的下采样比率为 1/16，下采样后的样本图像大小为 12×11，最终每个样本用一个 132 维的特征向量来表示。图 9-3 给出了一些示例图像，从图像中可以看出该数据集的样本具有比较大的光照变化。

3. AR 数据集

AR 数据集包含了 126 个类别的 4000 多张人脸图像的样本。实验中我们选择了 50 个类别的男性人脸图像样本和 50 个类别的女性人脸图像样本，每个类中包含了 14 个图像数据。在实验中，每个样本被裁剪成 165×120 的大小，并且将原始的彩色图像转换成了灰度图像。对 AR 数据集，实验中使用的下采样比率是 1/12，下采样后图像大小变为 14×10。所以，最终每个样本被表示为一个 140 维的向量。图 9-4 展示了该数据集中的示例图像，从图中可以看出 AR 数据集的样本不仅在光照条件上变化大，在面部表情上也有较大变化。

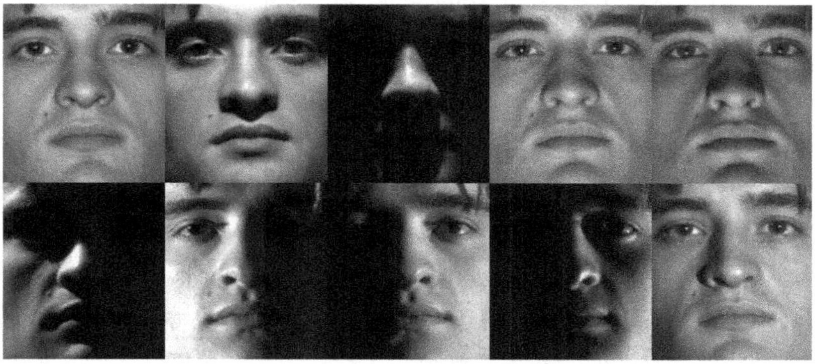

图 9-3　Extended Yale B 数据集的样本示例

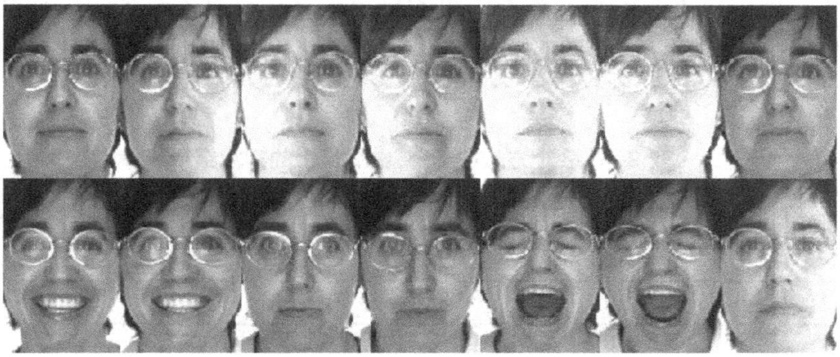

图 9-4　AR 数据集的样本示例

9.4.2　对比方法

在实验中，我们选择了稀疏表示分类（SRC）、文献[9]提出的核稀疏表示分类（KSRC）和组稀疏表示分类（GSC）作为三个实验对比方法。稀疏表示分类和组稀疏分类在前面的章节中已经做了介绍，这里简单介绍一下核稀疏表示分类。在核稀疏表示分类方法中，利用核方法将原始特征空间中的测试样本和训练样本都映射到高维特征空间中，在高维特征空间中，仍然认为测试样本可以由同类的训练样本线性表示。所以，原始的线性表达式经过非线性变换可以转换为

$$\boldsymbol{\Phi}(\boldsymbol{y})=\sum_{i=1}^{n}\alpha_i\boldsymbol{\Phi}(\boldsymbol{x}_i)=\boldsymbol{\Phi}\boldsymbol{\alpha} \tag{9-12}$$

在式（9-12）中，因为映射函数 Φ 是未知的，并且难以确定，所以直接求解是不可行的。文献[9]的方法是利用核函数的性质，经过一系列数学推导，将原始的表达式转换为内积形式来计算的。详细的推导过程可以参考文献[9]。

9.4.3 实验结果

表 9-1 给出了本章方法与对比方法在 ORL 数据集上的实验结果。从表中可以看出，对于 ORL 数据集，组稀疏表示分类方法的结果略差于稀疏表示分类方法。分析两种方法的区别可以发现，产生这种结果的原因是 ORL 数据集中每个类别的训练样本数较少，只有 5 个，而当组的规模比较小的时候组稀疏表示的优势是不易体现的[15]。与此同时，从结果中可以看出，本章提出的基于核方法的加权组稀疏表示（KWGSC）方法的结果优于其他三个对比方法。原因在于当组的规模比较小的时候，组内成员之间相互影响的关系不明显，此时发挥重要作用的就是组的权重系数，通过权重系数来调节不同组的重要程度，权重系数大的组具有更大的主动性和优先权。所以，适当的权重大小可以弥补组的规模比较小时产生的不足，从而提升组稀疏表示的性能。

表 9-1　各个方法在 ORL 数据集上的实验结果

方　法	SRC	KSRC	GSC	KWGSC
分类正确率	91.5%	92.5%	87.5%	**94.1%**
特征维数	168	168	168	168

表 9-2 给出了本章方法与对比方法在 Extended Yale B 数据集上的实验结果，从结果中可以看出本章提出的 KWGSC 方法得到的分类正确率高于其他方法。在 Extended Yale B 数据集中，因为训练样本的光照变化比较大，所以如果对用于线性表示测试样本的训练样本不加以区分，结果是不够理想的。而本章的方法能够在构造字典的过程中自适应地选择那些与测试样本更相关的训练样本作为原子，从而提高了模型的表示能力。例如，对于光照条件比较差的测试样本，在对这样的样本数据进行线性表示时，光照条件不好的那些样本要比光照比较亮的样本更重要一些。

表 9-2　各个方法在 Extended Yale B 数据集上的实验结果

方　法	SRC	KSRC	GSC	KWGSC
分类正确率	93.4%	94.8%	94.5%	**95.6%**
特 征 维 数	132	132	132	132

表 9-3 给出了本章方法及对比方法在 AR 数据集上的实验结果。AR 数据集与前两个数据集相比，样本类别数更多，这就导致了字典的规模比较大，算法在时间上的开销就会增大。但是本章的方法却可以巧妙地避免了这个问题，因为 KWGSC 方法并不是用所有训练样本来构造字典，而是自适应地选择一些与测试样本相关的训练样本作为原子，在这个过程中已经消减了字典的规模。在使用更少训练样本的情况下，本章方法仍然取得了优于其他方法的结果。

表 9-3　各个方法在 AR 数据集上的实验结果

方　法	SRC	KSRC	GSC	KWGSC
分类正确率	89.4%	90.7%	91%	91.5%
特 征 维 数	140	140	140	140

9.5　本章小结

在本章中，我们首先介绍了组稀疏表示和核方法的理论知识，然后提出了一种基于核方法的加权组稀疏表示分类方法。在新方法中，利用核函数可以作为核空间中两个样本的相似性度量的原理，将原始特征空间的样本进行了特征变换，并且依据样本的相似程度自适应地确定字典和分组情况。新构造的字典中每个原子都是与测试样本有一定相关性的，从而排除了那些噪声样本和对提升模型表示能力没有贡献的样本，减小了字典的规模。当数据样本比较多时，降低了算法的时间消耗，提高了模型的性能。在对比实验中，本章提出的 KWGSC 方法在三个数据集上都得到了比对比方法更好的结果。

参 考 文 献

[1] Zou H, Hastie T. Regularization and variable selection via the elastic net[J]. Journal of the Royal Statistical Society, Series B, 2005, 67(2): 301-320.

[2] Majumdar A, Ward R K. Classification via group sparsity promoting

regularization[C]//Proceedings of IEEE International Conference on Acoustics, Speech and Signal Processing, 2009, 861-864.

[3] Majumdar A, Ward R K. Improved group sparse classifier[J]. Pattern Recognition Letters, 2010, 31(13): 1959-1964.

[4] Vapnik V N. Statistical learning theory[M]. New York: Wiley, 1998.

[5] Burges C J C. A tutorial on support vector machines for pattern recognition[J]. Data Mining Knowledge Discovery, 1998, 2(2): 121-167.

[6] Kin D W, Lee K Y, Lee K H. Evaluation of the performance of clustering algorithms in kernel-induced feature space[J]. Pattern Recognition, 2005, 38(4): 607-611.

[7] Graves D, Pedrycz W. Kernel-based fuzzy clustering and fuzzy clustering: A comparative experimental study[J]. Fuzzy Sets and Systems, 2010, 161(4): 522-543.

[8] Scholkopf B, Smola A J, Muller K R. Nonlinear component analysis as a kernel eigenvalue problem[J]. Neural Computation, 1998, 10(5): 1299-1319.

[9] Yin J, Liu Z H, Jin Z, Yang W K. Kernel sparse representation based classification[J]. Neurocomputing, 2012, 77(1): 120-128.

[10] Zhang L, Zhou W D, Chang P C, et al. Kernel sparse representation-based classifier[J]. IEEE Transactions on Signal Processing, 2012, 60(4): 1684-1695.

[11] Deng W, Yin W, Zhang Y. Group sparse optimization by alternating direction method[Z].Technical report, Rice CAAM Report TR11-06, 2011.

[12] Samaria F S, Harter A C. Parameterisation of a stochastic model for human face identification[C]. 2nd IEEE Workshop on Applications of Computer Vision, Sarasota, F.S., 1994, 138-142.

[13] Lee K, Ho J, Kriegman D. Acquiring linear subspaces for face recognition under variable lighting[J]. IEEE Transactions on Pattern Analysis and Machine Intelligence, 2005, 27(5): 684-698.

[14] Martinez A M, Benavente R. The AR Face Database[R]. CVC Tech. Report, No.24, 1998.

[15] Huang J Z, Zhang T. The Benefit of Group Sparsity[J]. Annals of Statistics, 2010, 38(4): 1978-2004.

第 10 章 基于重叠子字典的稀疏表示分类方法

10.1 引 言

在第 2 章中，我们详细介绍了稀疏表示理论，以及为什么 l_1 范数能够很好地用于描述信号的稀疏性。一直以来，提到稀疏表示，人们自然就会想到 l_1 范数，特别是在将稀疏表示的框架成功地应用于解决人脸识别问题后，更加体现了 l_1 范数的重要作用。但是，随着人们对稀疏表示理论用于解决模式分类问题的深入研究，这种“唯 l_1 范数是从”的观点开始发生转变，本章也同样致力于研究如何将稀疏表示理论更好地用于解决模式分类问题。

在模式分类问题中，稀疏表示分类可以看作基于线性表示的分类模型中的一种，这种分类模型的前提假设是认为同一类别的样本应该位于同一个子空间中，所以同类样本之间可以相互线性表示。而稀疏表示分类模型的特点就在于它使用了全部类别的样本来表示某一个样本，为了体现出只有同一类的样本才在线性表示中发挥作用，因此需要对线性表示的系数进行稀疏性约束，从而巧妙地应用了稀疏表示理论。但是，随着进一步的研究我们发现，尽管都是对向量进行稀疏性的约束，但是在分类模型中对于系数稀疏性的限制和纯粹的稀疏表示是不完全相同的。在稀疏表示理论中，我们只是对非零元素的个数进行约束，目标是使非零元素的个数少，但是对非零元素出现的位置是不关心的。然而在分类模型中对于线性表示的系数向量的约束除了要满足稀疏性，还希望系数向量中的非零元素是聚集出现而不是零散分布的。这个限制是由分类模型本身的性质决定的。原因有两个：一是在构造线性表示需要的字典时，使用的是所有类别的训练样本依次排列构成的；二是模型的前提假设是同类样本才可以相互表示，而非同类的样本之间是没有关联的。这就使得我们希望模型的线性表示系数是稀疏的，同时还要满足其中非零元素的位置是依次排列的。但是显然仅仅使用 l_1 范数作为对系数向量的约束，是不能同时满足这两个要求的。因为 l_1 范数在对系数向量进行约束时，是不考虑非零元素的位置的，而只保证总的非零元素的和最小。基于上述原因，人们提出了本书第 9 章介绍的组稀疏表示分类方法，通过混合 l_1 和 l_2 范数代替了原来的 l_1 范数来对线性表示的系数向量进行约束，对于属于同一类别的原子对应

的系数向量使用 l_2 范数进行约束，目的是使其系数向量具有稠密性；而对得到的所有类别的系数向量的 l_2 范数使用了 l_1 范数进行约束，目的是使系数向量在类别之间具有稀疏性。尽管使用混合 l_1 和 l_2 范数的约束项在一定程度上解决了仅仅使用 l_1 范数时产生的问题，但是 l_2 范数在作为约束条件时，是起到平滑作用的。因此它会将同类别的训练样本全部选择用于表示测试样本，从而弱化了同类样本之间的差异性。事实上，即使是同一类别的样本也会存在差异性。在对测试样本进行表示时，并不是所有的同类训练样本都需要被选取，尤其在训练样本数较多时，对表示测试样本起关键作用的通常只是训练样本的一部分。基于这个原因，本书在第 9 章中提出了基于核方法的加权组稀疏表示分类方法。类似地，文献[1]提出了一种邻域的稀疏表示方法，该方法的创新性在于将稀疏表示分类和 k 近邻方法进行结合，在进行稀疏表示前，先利用 k 近邻方法选择测试样本的邻域样本。除此之外，文献[2]和文献[3]都利用类似的思想提出了具有局部约束性的稀疏表示方法。

通过对稀疏表示分类模型及其改进方法的研究，我们可以发现这些方法都是直接对线性系数向量进行约束的。无论是使用 l_1 范数还是混合 l_1 和 l_2 范数作为约束项，关注的重点都是系数向量。尽管在稀疏表示分类及其相关模型中，人们一直在强调稀疏性在系数向量中的重要性，但是从模式分类的角度来讲，对判别函数的分析往往被忽略了。事实上，在分类模型中，稀疏性约束是为判别函数服务的，在判别过程中，需要利用求得的系数向量计算测试样本在单类训练样本上的重构误差，并以此来判断测试样本的类别。所以，在稀疏表示分类模型中，单类训练样本的重构误差是影响分类结果的关键因素，而单类训练样本的重构误差是由稀疏系数向量求得的。所以在之前的研究中，人们都专注于对稀疏约束的研究，希望通过系数向量的稀疏性间接保证测试样本在单类训练样本上的重构误差具有判别性。但是在这个过程中，稀疏性的重要性到底有多大仍然是值得深入研究的问题。文献[4]通过实验分析证明了在稀疏表示分类方法中，起关键作用的并不是对系数向量稀疏性的约束，而是在模型中使用了全部训练样本来表示测试样本。

在本章提出的方法中，我们转变了思考问题的方式，不再利用向量的稀疏性来间接反映不同类别的差异性，而直接对判别准则进行约束，即保证测试样本在单个类别训练样本上的重构误差是具有判别性的。通过实验分析，我们发现当直接对判别准则进行约束时，得到的系数向量仍然是具有一定稀疏性的。这是因为在约束条件得到满足的情况下，系数向量也必然是稀疏的，否则约束条件是不能达到的。从这一点上可以看到，系数向量的稀疏性与判别准则之间是互为充要条件的。而这里的稀疏性又是有条件的稀疏，所以仅仅使用系数向量的稀疏性作为约束条件是不够的。为了让分类模型具有更强的分类能力，还必须要从判别准则的角度进行分析。

基于以上分析，本章提出一种重叠子字典的正则化方法用于稀疏表示分类模型，该方法不是直接利用 l_1 范数或者 l_2 范数来对系数向量进行约束的，而是对测试样本在一系列子字典上的重构误差进行限制的。这种新的正则化方法将系数向量的稀疏性和分类模型的判别准则结合在一起作为约束项，以使分类方法取得更高的分类正确率。对于一个待分类的测试样本，它的类别只有唯一的一个，而其他的分类结果无论是什么对它来说都是错误的。所以对于分类问题我们需要判别出这个唯一正确的类别和其余所有类别的差异性。根据这个原则，我们构造了一系列具有重叠原子的子字典。子字典是由除去某一类训练样本后剩余的所有类别的样本构成的，因此，子字典的个数与训练样本的类别数是相同的。对于测试样本来说，在这一系列的子字典中，只有某一个子字典没有包含与其具有相同类别的训练样本。这就意味着如果用这些子字典来对测试样本进行线性表示，那个没有包含同类训练样本的子字典对应的重构误差会非常大，而其余的子字典因为包含了与测试样本同类的训练样本而具有较好的表达能力。显然，如果我们把测试样本在子字典上的重构误差组成一个新的向量，那么这个向量同样是具有稀疏性的。因为在这个向量中，只有某个分量比较大，而其余分量会非常小。下面我们详细地介绍本章提出的这种基于重叠子字典的稀疏表示分类方法。

10.2　基于重叠子字典的稀疏表示分类方法实现

在前面我们介绍过，稀疏表示分类模型的前提假设是认为任何一个测试样本都可以由与其同类别的训练样本近似线性表示。在本章中，我们将这种假设进行了扩展，即认为任何一个测试样本都可以由包含了与其同类别的训练样本的字典来线性表示。这种假设与文献[4]中提出的结论是一致的，即这种联合的线性表示是基于稀疏表示的分类方法能够提高分类正确率的关键因素。本章提出的子字典策略就是充分利用了这种联合的线性表示机制。此外，在原有的稀疏表示分类模型中，求解线性系数和求解判别准则是完全独立的两个步骤，没有考虑两者之间的关系。而本章提出的这种新的正则化方法，将两者关联在一起，从而保证了分类结果的正确性。

10.2.1 重叠子字典的构造

首先，我们假设在第 i 类样本中有 n_i 个训练样本，每个训练样本的特征向量按照列排列构成了第 i 类的样本矩阵 $\boldsymbol{F}_i=[\boldsymbol{f}_{i,1},\boldsymbol{f}_{i,2},\cdots,\boldsymbol{f}_{i,n_i}]\in\mathbf{R}^{m\times n_i}$，其中 $\boldsymbol{f}$ 表示特征向量，m 表示特征向量的维数。将所有类别的训练样本集合在一起构成了一个更大的训练样本矩阵 $\boldsymbol{F}=[\boldsymbol{F}_1,\boldsymbol{F}_2,\cdots,\boldsymbol{F}_i,\cdots,\boldsymbol{F}_c]$。在理想情况下，如果某个测试样本属于第 i 类，那么应该只有第 i 个子集 $\boldsymbol{F}_i$ 才能够线性表示这个测试样本，而其余的 $\boldsymbol{F}_j(j\neq i)$ 因为与测试样本不在同一个特征子空间内，所以并不能在线性表示的过程中有所贡献。但是，在实际情况中，由于不同类别的样本之间具有一定的相似性及样本在特征空间的重叠性，在经过字典 $\boldsymbol{F}$ 中原子的线性表示后，系数向量中并不是只有子集 $\boldsymbol{F}_i$ 对应的系数是非零的，与 $\boldsymbol{F}_i$ 中样本相似的其他类别的样本对应系数也可能是非零值，在这种情况下，仅仅根据测试样本在每个子集上的重构误差不足以判别它的分类结果。但是，我们换一种思路，如果字典 $\boldsymbol{F}$ 中没有包含子集 $\boldsymbol{F}_i$，那么字典 $\boldsymbol{F}$ 对测试样本的表示能力将会非常弱，即使其中包含了与 $\boldsymbol{F}_i$ 相似的其他类别的样本，但是这种样本的数量有限，并且可能多个子集中都有这样的样本，所以，此时的稀疏表示结果将会非常差。我们把这种没有包含同类样本的字典原子构成的空间称为最远子空间集合，这样测试样本在最远子空间集合和最近子空间集合上的表示结果就具有了差异性，而这种差异性是我们在模式分类时希望看到的。基于此，本章提出了联合多个子集构造子字典的方法。

从数学的角度来说，每个子字典都是大字典 $\boldsymbol{F}$ 的子集。由于测试样本的类别未知，所以我们需要构造一系列的子字典来对其进行线性表示。为了与第 i 类的训练样本矩阵 $\boldsymbol{F}_i$ 进行区别，我们用 $\boldsymbol{A}_i$ 来表示第 i 个子字典：

$$\boldsymbol{A}_i=[\boldsymbol{F}_1,\boldsymbol{F}_2,\cdots,\boldsymbol{F}_{i-1},\boldsymbol{F}_{i+1},\cdots,\boldsymbol{F}_c] \tag{10-1}$$

其中 $i\in\{1,2,\cdots,c\}$。从子字典的定义中可以发现，对于一个属于第 i 类的测试样本来说，它应该能够被除了 $\boldsymbol{A}_i$ 之外的所有的子字典线性表示，因为只有子字典 $\boldsymbol{A}_i$ 中没有包含与其具有相同类别的训练样本，此时子字典 $\boldsymbol{A}_i$ 就相当于它的最远子空间集合。测试样本 $\boldsymbol{y}$ 在子字典 $\boldsymbol{A}_i$ 上的重构误差定义为

$$e_i=\|\boldsymbol{y}-\boldsymbol{F}\boldsymbol{\delta}_i(\boldsymbol{x})\|_2 \tag{10-2}$$

式中 $\boldsymbol{\delta}_i(\boldsymbol{x})$ 是系数向量中与子字典 $\boldsymbol{A}_i$ 中原子相对应的系数分量组成的向量。从式（10-2）可以看出，变量 e_i 实际上是系数向量 $\boldsymbol{x}$ 的函数，它可以作为判断第 i 类样本对于测试样本 $\boldsymbol{y}$ 的重要程度。当 e_i 较大时，表明第 i 类训练样本非常重要，同理由于重构误差 e_i 较大，那么其对应的系数向量 $\boldsymbol{\delta}_i(\boldsymbol{x})$ 应该有很多分量的值是接近零的。所以，从整体上来讲，每个子字典 $\boldsymbol{A}_i$ 都对应一个重构误差 e_i，将所有子字典

的重构误差组成一个向量 $\boldsymbol{e}=[e_1,e_2,\cdots,e_i,\cdots,e_c]$，通过前面的分析可以得出结论，向量 $\boldsymbol{e}$ 是具有一定稀疏性的，因为 $\boldsymbol{e}$ 中应该只有某一个分量的值是比较大的，而其他分量的值都是比较小的。图 10-1 所示是一个具体的示例，在该示例中数据集包含了 100 个类别，测试样本 $\boldsymbol{y}$ 属于第 1 类，我们计算了测试样本在所有子字典上的重构误差得到重构误差向量 $\boldsymbol{e}$。图 10-1 所示为重构误差向量 $\boldsymbol{e}$ 的示意图。从图 10-1 中可以看到只有第 1 个子字典对应的重构误差值大于其他所有子字典对应的误差。这是因为测试样本属于第 1 类，而子字典 $\boldsymbol{A}_1$ 中却没有包含与测试样本同类别的训练样本，此时，$\boldsymbol{A}_1$ 对于测试样本几乎没有表示能力，所以其所对应的误差 e_1 才会是误差向量中的最大值。而其余子字典中因为都包含了第 1 类训练样本，所以都能够较好地表示测试样本。

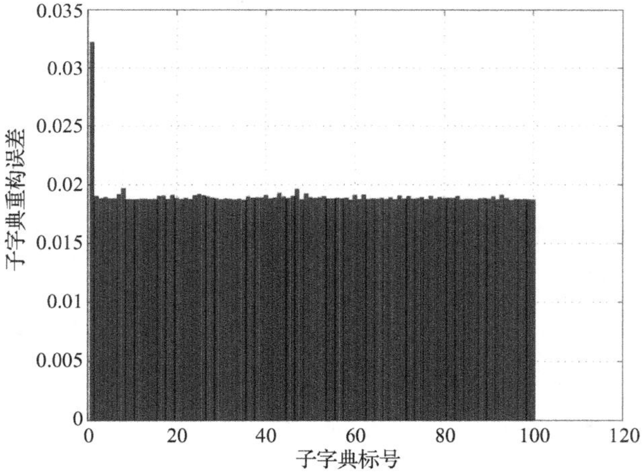

图 10-1 测试样本在每个子字典上的重构误差

10.2.2 测试样本与子字典的关系

在构造子字典的过程中，我们转变了思维方式，不是寻找与测试样本最相关的训练样本，而是构造与测试样本最不相关的子字典，测试样本在子字典上的重构误差就是表征其相关性的关键。事实上，在我们构造的一系列具有重叠原子的子字典当中，只有其中的某一个子字典是与测试样本完全不相关的，而其余子字典因为包含了与测试样本同类的训练样本，所以具有表示测试样本的能力。这种性质从测试样本在子字典上的线性表示系数中也可以体现出来。我们仍然以图 10-1 所示的示例为例，该测试样本属于第 1 类，所以其在子字典 $\boldsymbol{A}_1$ 上的系数向量分量应该是分散、无规则的，而在其他子字典上的系数向量的非零分量应该会集中在系数向量的最开始部分。因为在这些子字典当中，最开始部分的几个原子是属于第 1 类的。图 10-2～图 10-4 分别展示了测试样本 $\boldsymbol{y}$ 在子字典 $\boldsymbol{A}_1$、$\boldsymbol{A}_2$ 和 $\boldsymbol{A}_3$ 上的系数向量。

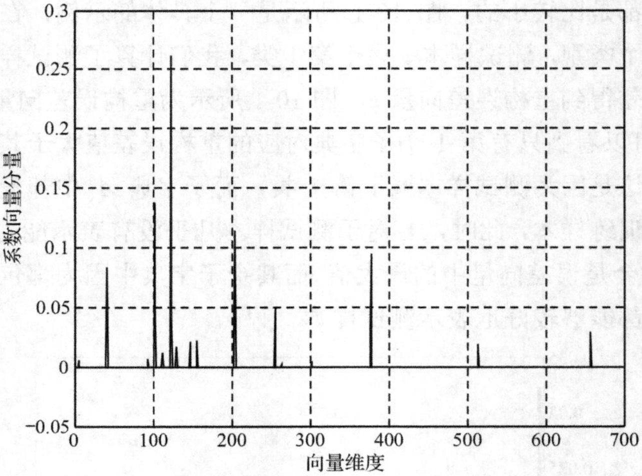

图 10-2　属于第 1 类的测试样本在 A_1 子字典上的系数向量

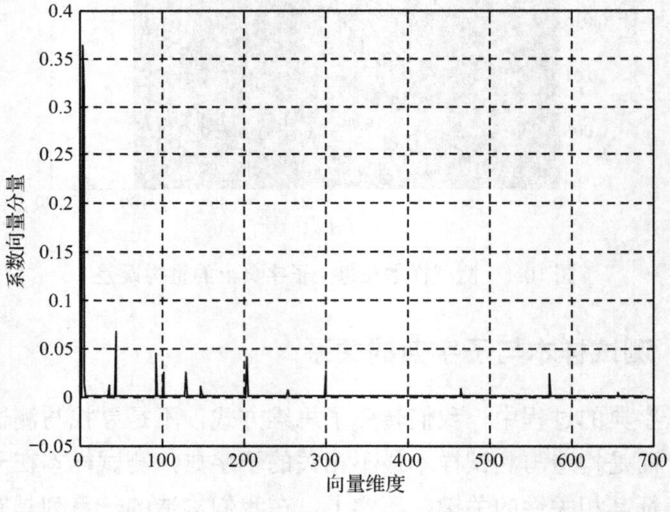

图 10-3　属于第 1 类的测试样本在 A_2 子字典上的系数向量

从图 10-2～图 10-4 中我们可以看到，只要字典中包含与测试样本同类别的原子，那么无论字典中其他元素是来自什么类别，测试样本在该字典上都能够被很好地线性表示，而无关类别原子的出现并没有影响线性表示的结果。但是，如果字典中只有无关类别原子，而没有与测试样本同类别的原子，那么该字典的表示结果将会比较差。在正向思维中尽可能得到好的线性表示结果和在逆向思维中尽可能得到差异明显的差的线性表示结果之间，差的结果会更加突出，即在比较的过程中差异更加明显，这也是本章所提出方法的理论依据和动机。

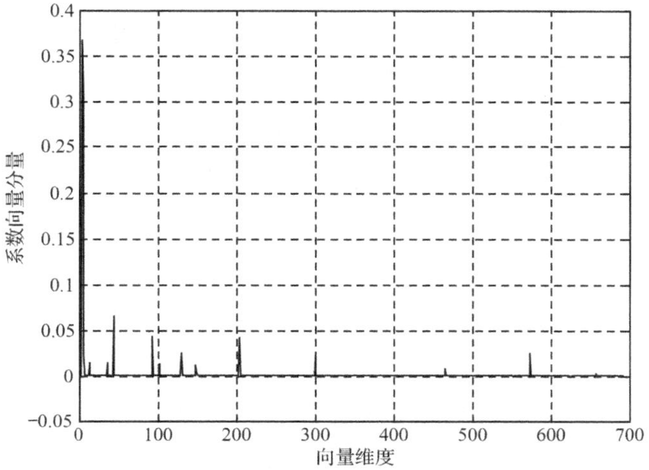

图 10-4　属于第 1 类的测试样本在 A_3 子字典上的系数向量

10.2.3　基于重叠子字典的稀疏表示分类

通过前面的分析，我们利用了重构误差向量 $\boldsymbol{e}$ 的稀疏性，提出了一种新的基于稀疏表示分类的正则化方法。与传统的直接约束系数向量稀疏性的稀疏表示分类方法不同，本章提出的正则化方法通过约束重构误差向量的稀疏性，间接地满足了系数向量的稀疏性。具体地，我们定义新的优化目标为

$$\boldsymbol{x}=\arg\min_{\boldsymbol{x}}\{\|\boldsymbol{y}-\boldsymbol{F}\boldsymbol{x}\|_2+\lambda\|\boldsymbol{e}\|_1\} \tag{10-3}$$

其中，$\boldsymbol{e}=[e_1,e_2,\cdots,e_i,\cdots,e_c]$，$e_i=\|\boldsymbol{y}-\boldsymbol{F}\boldsymbol{\delta}_i(\boldsymbol{x})\|_2$。对于式（10-3）的优化问题，可以利用文献[5]提出的内点法或其他经典的优化方法进行求解。在本章中，我们使用了 CVX[6][7]工具包来求解系数向量 $\boldsymbol{x}$。CVX 工具包用于求解凸优化问题，它可以通过自定义变量和目标函数来快速求解问题。图 10-5 给出了利用本章提出的正则化方法得到的系数向量。图 10-6 展示了利用 l_1 范数作正则化项得到的系数向量。从中我们看到利用本章方法得到的结果满足了我们在引言中分析的对于系数向量的要求，即聚集的稀疏性。我们不仅希望系数向量具有稀疏性，同时希望其中非零元素出现的位置是呈聚集性的。利用式（10-3）求出系数向量 $\boldsymbol{x}$ 后，判别测试样本类别的过程与传统的稀疏表示分类方法一致。通过计算测试样本在单类训练样本上的误差，具有最小误差的类别就是测试样本所属的类别。

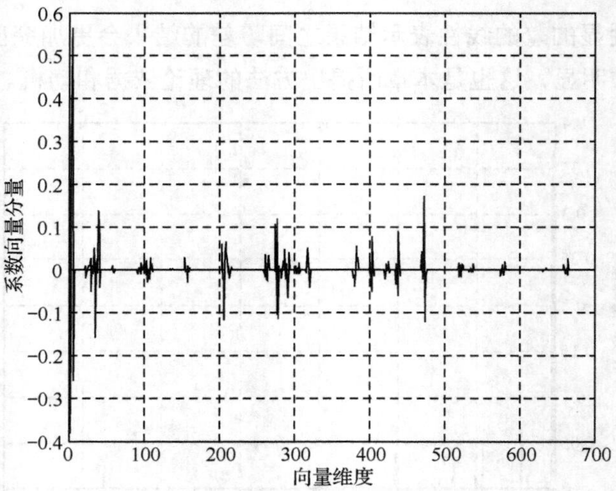

图 10-5　利用本章方法得到的系数向量

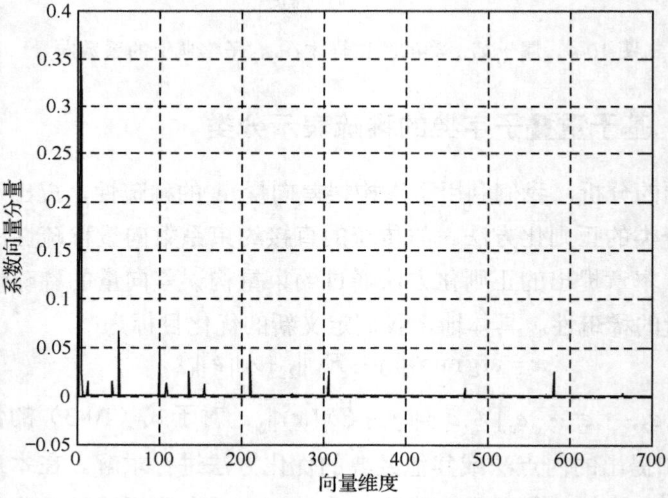

图 10-6　利用 l_1 范数作正则化项得到的系数向量

10.3　实验与分析

为了验证算法的有效性，我们分别在 AR 数据集和 Extended Yale B 数据集上做了实验。本章采用特征脸（Eigenfaces）的方法来获取不同维数的样本特征。在对比实验中，我们将本章提出的新方法与另外三个基于稀疏表示分类的方法进行了比较，它们分别是 SRC、GSC 和 CRC（协从表示分类）法。此外，还与两个经典的分类算法进行了比较，它们分别是最近邻子空间分类（Nearest Subspace Classifier，NSC）[8]算法和支持向量机（Support Vector Machine，SVM）[9]算法。每个实验结果都是将实验过程重复执行五次得到结果的平均值。

10.3.1　实验数据

在本次实验中，我们使用了 AR 数据集和 Extended Yale B 数据集。这两个数据集的背景知识在前面的章节中都有介绍。我们仍然从每个类别中随机选择一半作为训练样本，剩下的一半作为测试样本。在实验过程中，我们比较了特征向量维数分别为 50、100、150 和 200 的情况。

10.3.2　实验结果

图 10-7 展示了各方法在 Extended Yale B 数据集上的实验结果。从图中可以看到，本章提出的基于重叠子字典的稀疏表示分类方法在不同的特征向量维数下都得到了好的结果。表 10-1 给出了实验结果的数据，从实验结果可以看到，随着特征向量维数的增加，所有方法的分类正确率都呈递增的发展趋势，其中 CRC 法对应的增速最快，GSC 法在特征向量维数为 200 时略有下降，但差别不是很大。在这次实验中，我们可以看到，从模型整体性能分析，基于稀疏表示的分类方法要优于传统的分类方法 NSC 和 SVM。在基于稀疏表示的分类方法中，GSC 法要优于 SRC 法，而 SRC 法要优于 CRC 法。这种结果与我们在前面的分析是一致的。

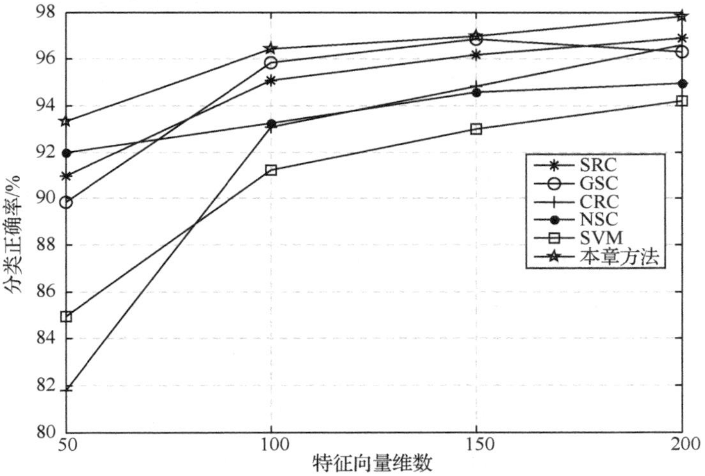

图 10-7　各方法在 Extended Yale B 数据集上的实验结果

表 10-1　各方法在 Extended Yale B 数据集上的实验结果数据

单位：%

特征向量维数	分类方法					
	SRC	GSC	CRC	NSC	SVM	本章方法
50	90.98	89.82	81.8	92	84.92	**93.32**
100	95.08	95.83	93.07	93.25	91.24	**96.41**
150	96.16	96.83	94.82	94.56	92.97	**96.99**
200	96.88	96.49	96.68	94.96	94.21	**97.83**

图 10-8 给出了各方法在 AR 数据集上的实验结果。在 AR 数据集上，本章方法仍然表现出了优势。在特征向量维数仅为 50 的情况下，本章提出的方法能够取得 93.19%的分类正确率。从图中可以看到，对于 AR 数据集，NSC 法表现平平，GSC 法随着特征向量维数的增加，分类正确率反而下降了，原因在于 AR 数据集中每类样本的个数比较少，所以组稀疏的优势体现不出来，造成了分类结果的不理想。此外，SVM 法和 CRC 法的表现不相上下。表 10-2 给出了实验结果的数据。

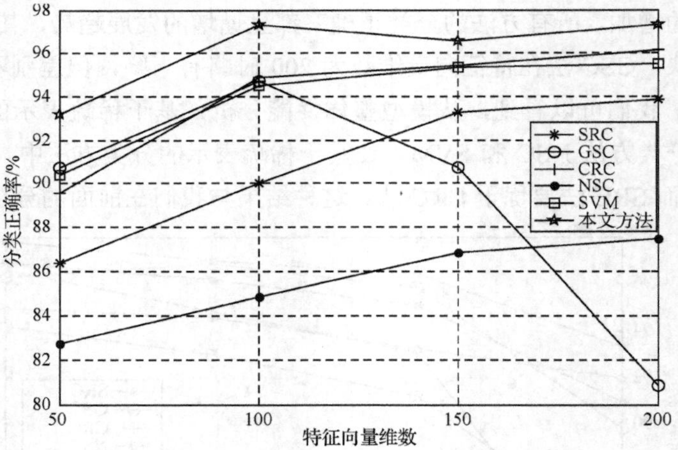

图 10-8　各方法在 AR 数据集上的实验结果

表 10-2　各方法在 AR 数据集上的实验结果数据

单位：%

特征向量维数	分类方法					
	SRC	GSC	CRC	NSC	SVM	本章方法
50	86.34	90.74	89.54	82.74	90.4	**93.19**
100	90.0	94.71	94.86	84.86	94.49	**97.29**
150	93.29	90.71	95.43	86.83	95.34	**96.57**
200	93.86	80.54	96.14	87.46	95.49	**97.29**

10.4　本章小结

本章提出了一种新的基于重叠子字典的正则化方法用于稀疏表示分类。这种正则化方法不是直接对系数向量进行稀疏性约束的，而是定义了新的变量，即测试样本在每个子字典上的重构误差组成的向量——重构误差向量，该向量实际上是系数向量的一个函数。通过分析发现，由于子字典的构造特点，使样本在每个子字典上的重构误差组成的向量具有了一种稀疏性。通过对重构误差向量进行稀疏性约束能够间接起到对系数向量进行稀疏性约束的作用，从而使得基于稀疏表示的分类模型取得了更高的分类正确率。通过在 Extended Yale B 和 AR 数据集上的实验结果可以证明，本章提出的新方法能够取得比其他基于稀疏表示的分类方法更高的分类正确率。

参 考 文 献

[1] Hui K H, Li C L, Zhang L. Sparse neighbor representation for classification[J]. Pattern Recognition Letter, 2012, 33(5):661-669.

[2] Chao Y W, Yeh Y R, Chen Y W, et al. Locality-constrained group sparse representation for robust face recognition[C]//Proceedings of International Conference of Image Processing, 2011, 761-764.

[3] Xu Y, Zhang D, Yang J, Yang J Y. A two-phase test sample representation method for use with face recognition[J]. IEEE Transactions on Circuits System Video Technology, 2011, 21(9): 1255-1262.

[4] Zhang L, Yang M, Feng X C. Sparse representation or collaborative representation: which helps face recognition? [C]//Proceedings of International Conference and Computer Vision, 2011, 471-478.

[5] Wright S J. Primal-dual interior-point methods[M]. Philadelphia, PA: SIAM, 1997.

[6] Grant M, Boyd S. CVX: Matlab software for disciplined convex programming, version 2.0 beta [EB/OL]. [2012-09]. http://cvxr.com/cvx.

[7] Grant M, Boyd S. Graph implementations for nonsmooth convex programs[J]. Lecture Notes in Control & Information Sciences, 2008, 371:95-11.

[8] Ho J, Yang M, Lim J, et al. Clustering appearances of objects under varying illumination conditions[C]// Proceedings of IEEE Conference on Computer Vision and Pattern Recognition, 2003, 11-18.

[9] Corinna C, Vapnik V. Support-Vector Networks[J]. Machine Learning, 1995, 273-297.

第 11 章　稀疏表示在图像复原中的应用

图像信息是视觉信息重要的组成部分，而视觉是人类获取外界信息的重要途径。在成像、复制、扫描、传输、显示等过程中，通常都会对图像的质量产生影响，从而不可避免地导致图像退化。而清晰度高、质量好的图像对人类生活、科学研究和经济发展等具有不可估量的作用。因此，图像复原研究具有非常重要的理论价值和实际意义。经过几十年的发展，图像复原技术的应用领域已从 20 世纪 50 年代初的空间探索，扩展到众多的科学研究和工程技术领域，包括天文观测、遥感、军事、医学影像和工业视觉等，极大地促进了科学研究的发展和工程技术的进步。

11.1　图像复原问题

图像复原是指从退化图像恢复（或逼近）原始的高质量图像的过程。在数学意义上，图像退化过程是一个正问题，即将原始图像映射为退化图像。图像退化模型可表示为

$$\boldsymbol{Y} = \boldsymbol{A}\boldsymbol{X} + \boldsymbol{N} \tag{11-1}$$

其中，$\boldsymbol{A}$ 是不可逆的退化算子，$\boldsymbol{Y}$ 是退化图像，$\boldsymbol{X}$ 是原始图像，$\boldsymbol{N}$ 是加性噪声。相应地，图像复原过程是一个反问题，即已知退化图像 $\boldsymbol{Y}$，结合退化算子 $\boldsymbol{A}$ 和加性噪声 $\boldsymbol{N}$ 的全部或部分信息，对原始图像 $\boldsymbol{X}$ 进行估计。根据退化算子 $\boldsymbol{A}$ 的不同，图像复原可分为图像修复、图像超分辨率重建、图像去噪以及图像去模糊等。

由于图像复原问题求解的信息量不足，以及退化算子的奇异性和噪声的干扰，导致其是典型的不适定问题。正则化方法是解决该类问题的有效工具。基于正则化理论，求解图像复原问题的一般框架可以表示为

$$\hat{\boldsymbol{X}} = \arg\min_{\boldsymbol{X}} \left\{ \frac{1}{2} \| \boldsymbol{Y} - \boldsymbol{A}\boldsymbol{X} \|_2 + \lambda R(\boldsymbol{X}) \right\} \tag{11-2}$$

其中，λ是正则化参数，$R(\boldsymbol{X})$是对解的正则化约束条件，从而将不适定问题转化为适定问题。

对于图像处理来说，正则化项的设计直接影响着图像处理算法的性能，例如图像中的边缘信息、轮廓信息和纹理信息等几何结构的保持需要正则化项的约束。

具体地说，正则化项 $R(X)$体现了关于图像 X 的先验知识和约束，$R(X)$的设计在图像处理研究中对应的就是图像建模理论的研究。因此，正则化项的确定需要一些图像的先验信息或对图像进行建模。如何设计有效的正则化项来描述图像的先验信息是图像复原研究的核心问题。具有代表性的图像复原方法包括基于小波架构方法[1-4]、基于变分方法[5-8]、基于稀疏表示方法[9-11]及基于深度学习方法[12,13]等。

由于图像信号具有稀疏性和冗余性，稀疏表示模型是当前比较流行的强有力的信号表示方法，为图像去噪、修复、超分辨率重建等图像处理中的反问题的研究提供了新的思路和方向。在稀疏表示模型中，信号可以表示为一些原子的线性组合，而这些原子从固定的或学习到的字典中进行选择[14]。近几年，基于局部图像块稀疏表示的字典学习方法在图像复原中取得了很好的效果，该类方法中将原始图像的先验信息建模为稀疏表示模型，字典从自然图像中学习得到[9,10,15]。相比字典原子固定的方法，如 wavlets、curvelets 和 bandlets，字典学习方法能更好地适应于所复原的图像，因此能更好地加强稀疏性。不过，字典学习是大尺度的非凸优化问题，计算复杂度很高[16]。更重要的是，在稀疏表示时，从字典中选择原子集合的自由度非常大，从而使得非线性的稀疏复原图像估计可能不稳定和不精确，原因在于字典中原子之间具有相关性[17]。结构化的稀疏表示模型通过将字典中的原子进行分块，在稀疏表示时进行块选择，从而降低了逼近空间的自由度[11,18,19]。

本章主要介绍稀疏表示模型在图像复原问题上的应用，重点在于图像去噪问题，详细介绍两种有代表性的图像去噪算法（基于 K-SVD 的图像去噪算法[9,14]、BM3D 图像去噪算法[20,21]）并提出了基于混合矩阵正态分布的图像复原算法。

11.2 基于 K-SVD 的图像去噪算法

基于块的稀疏表示模型被广泛应用于图像复原任务。其中，最具代表性的 K-SVD 字典学习方法[9,14]，不仅获得了理想的去噪性能，而且在许多图像处理、计算机视觉任务上也取得了巨大的成功。

11.2.1 用于图像去噪的稀疏表示模型的构建

考虑图像退化模型：

$$\boldsymbol{Y} = \boldsymbol{X} + \boldsymbol{N} \tag{11-3}$$

其中，$\boldsymbol{Y}$ 为噪声图像，$\boldsymbol{X}$ 为原始图像，$\boldsymbol{N}$ 为加性高斯噪声。

对于图像 $\boldsymbol{X}$ 中的每个像素，定义线性算子：

$$\boldsymbol{R}_i : \mathbf{R}^N \to \mathbf{R}^n \tag{11-4}$$

其中 $\boldsymbol{R}_i \in \mathbf{R}^{n\times N}$ 是一个二值矩阵，N 是图像的像素点个数，该算子的目的是从图像 $\boldsymbol{X}$ 中以每个像素点为中心抽取 $\sqrt{n}\times\sqrt{n}$ 个像素点来构成图像块。

由于图像 $\boldsymbol{X}$ 的维数过大，需要将 $\boldsymbol{X}$ 进行重叠分块，构成图像块集 $\{\boldsymbol{R}_i\boldsymbol{X}\}_{i=1}^{N}$。假设图像块集 $\{\boldsymbol{R}_i\boldsymbol{X}\}_{i=1}^{N}$ 在字典 $\boldsymbol{D}$ 下具有稀疏表示，则下述问题的解是足够稀疏的：

$$\arg\min_{\boldsymbol{\alpha}_i}\|\boldsymbol{\alpha}_i\|_0,\ \text{s.t.}\ \boldsymbol{D}\boldsymbol{\alpha}_i=\boldsymbol{R}_i\boldsymbol{X},\ \forall i \tag{11-5}$$

对于合适的正则化参数 u_i，式（11-5）的问题可以转化为如下等价问题：

$$\arg\min_{\boldsymbol{\alpha}_i}\left\{\left\|\boldsymbol{D}\boldsymbol{\alpha}_i-\boldsymbol{R}_i\boldsymbol{X}\right\|_2+u_i\left\|\boldsymbol{\alpha}_i\right\|_0\right\},\ \forall i \tag{11-6}$$

因此，将图像去噪效果和图像先验信息结合起来，就可以得到如下的基于稀疏表示的图像去噪模型：

$$\arg\min_{\boldsymbol{D},\boldsymbol{\alpha}_i,\boldsymbol{X}}\{\lambda\|\boldsymbol{Y}-\boldsymbol{X}\|_2+\sum_i\|\boldsymbol{D}\boldsymbol{\alpha}_i-\boldsymbol{R}_i\boldsymbol{X}\|_2+\sum_i u_i\|\boldsymbol{\alpha}_i\|_0\},\ \forall i \tag{11-7}$$

式（11-7）目标函数中的第一项表示图像去噪结果的全局误差，后两项为基于稀疏表示的图像先验正则化项。

11.2.2　字典学习和模型优化

式（11-7）是一个关于字典 $\boldsymbol{D}$、稀疏系数 $\boldsymbol{\alpha}_i$ 和图像 $\boldsymbol{X}$ 的联合优化问题。为了解决该问题，可以采用交替优化变量的方法：固定其中的两个变量，来求解另外一个变量。交替优化变量的方法描述如下。

（1）固定字典 $\boldsymbol{D}$ 和稀疏系数 $\boldsymbol{\alpha}_i$，求解图像 $\boldsymbol{X}$。此时式（11-7）可以转化为如下的形式：

$$\arg\min_{\boldsymbol{X}}\{\lambda\|\boldsymbol{Y}-\boldsymbol{X}\|_2+\sum_i\|\boldsymbol{D}\boldsymbol{\alpha}_i-\boldsymbol{R}_i\boldsymbol{X}\|_2\},\ \forall i \tag{11-8}$$

式（11-8）是一个凸优化问题，可以得到其解析解为

$$\boldsymbol{X}=\left(\lambda\boldsymbol{I}+\sum_i\boldsymbol{R}_i^{\mathrm{T}}\boldsymbol{R}_i\right)^{-1}\left(\lambda\boldsymbol{Y}+\sum_i\boldsymbol{R}_i^{\mathrm{T}}\boldsymbol{D}\boldsymbol{\alpha}_i\right) \tag{11-9}$$

（2）固定图像 $\boldsymbol{X}$，求解字典 $\boldsymbol{D}$ 和稀疏系数 $\boldsymbol{\alpha}_i$。此时式（11-7）可以转化为如下的形式：

$$\arg\min_{\boldsymbol{D},\boldsymbol{\alpha}_i}\{\sum_i\|\boldsymbol{D}\boldsymbol{\alpha}_i-\boldsymbol{R}_i\boldsymbol{X}\|_2+\sum_i u_i\|\boldsymbol{\alpha}_i\|_0\},\ \forall i \tag{11-10}$$

式（11-10）可以转化为 N 个如下的子问题：

$$\arg\min_{\boldsymbol{D},\boldsymbol{\alpha}_i}\{\|\boldsymbol{D}\boldsymbol{\alpha}_i-\boldsymbol{R}_i\boldsymbol{X}\|_2+u_i\|\boldsymbol{\alpha}_i\|_0\},i=1,2,\cdots,N \tag{11-11}$$

式（11-11）是一个字典学习和稀疏表示求解问题，可以采用第 5 章介绍的 K-SVD 算法进行求解。

11.2.3 基于 K-SVD 的图像去噪算法流程

基于 K-SVD 的图像去噪算法具体流程如算法 11-1 所示。

算法 11-1 基于 K-SVD 的图像去噪算法

输入：噪声图像 $\boldsymbol{Y}$；正则化参数 λ；噪声增益 C；噪声标准差 σ；迭代次数 J；字典尺寸 k；图像块的尺寸 n。

输出：估计图像 $\hat{\boldsymbol{X}}$。

（1）初始化：令 $\hat{\boldsymbol{X}}=\boldsymbol{Y}$；设置 $\hat{\boldsymbol{D}}=(\hat{\boldsymbol{d}}_l)_{l=1,2,\cdots,k}$ 为某一初始字典。

（2）重复如下操作 J 次。

① 稀疏编码：固定字典 $\hat{\boldsymbol{D}}$，对于每一个图像块 $\boldsymbol{R}_i\hat{\boldsymbol{X}}$，通过匹配追踪算法求解如下优化问题，得到稀疏系数 $\hat{\boldsymbol{\alpha}}_i$。

$$\hat{\boldsymbol{\alpha}}_i=\arg\min_{\boldsymbol{\alpha}_i}\|\boldsymbol{\alpha}_i\|_0,\ \text{s.t.}\ \|\boldsymbol{R}_i\hat{\boldsymbol{X}}-\hat{\boldsymbol{D}}\boldsymbol{\alpha}_i\|_2^2\leqslant n(C\sigma)^2,\forall i$$

② 字典更新：固定所有的稀疏系数 $\hat{\boldsymbol{\alpha}}_i$，对于字典 $\hat{\boldsymbol{D}}$ 中的每一个原子 $\hat{\boldsymbol{d}}_l$，$l=1,2,\cdots,k$，按如下步骤进行计算。

a．选择使用原子 $\hat{\boldsymbol{d}}_l$ 的图像块：$w_l=\{i\,|\,\hat{\boldsymbol{\alpha}}_i(l)\neq 0\}$。

b．对于每一个图像块 $i\in w_l$，计算残差：$\boldsymbol{e}_i^l=\boldsymbol{R}_i\hat{\boldsymbol{X}}-\hat{\boldsymbol{D}}\hat{\boldsymbol{\alpha}}_i+\hat{\boldsymbol{d}}_l\hat{\boldsymbol{\alpha}}_i(l)$。

c．令 $\boldsymbol{E}_l$ 表示由 $\boldsymbol{e}_i^l$ 为列所构成的矩阵，$\hat{\boldsymbol{\alpha}}^l$ 为由 $\hat{\boldsymbol{\alpha}}_i(l)$ 为元素构成的行向量。

d．通过最小化如下表达式，更新 $\hat{\boldsymbol{d}}_l$ 和 $\hat{\boldsymbol{\alpha}}_i(l)$：

$$(\hat{\boldsymbol{d}}_l,\hat{\boldsymbol{\alpha}}^l)=\arg\min_{\hat{\boldsymbol{\alpha}}^l,\|\hat{\boldsymbol{d}}_l\|_2=1}\|\boldsymbol{E}_l-\hat{\boldsymbol{d}}_l\hat{\boldsymbol{\alpha}}^l\|_F^2$$

上式可以通过奇异值分解（SVD）来进行秩一逼近。利用奇异值分解得到 $\boldsymbol{E}_l=\boldsymbol{U}\Delta\boldsymbol{V}^{\mathrm{T}}$，更新字典原子 $\hat{\boldsymbol{d}}_l=\boldsymbol{u}_1$ 和稀疏系数 $\hat{\boldsymbol{\alpha}}_i(l)=\Delta[1,1]\boldsymbol{v}_1$，其中，$\boldsymbol{u}_1$、$\boldsymbol{v}_1$ 分别为矩阵 U 和 V 中第 1 个列向量。

（3）通过加权平均得到估计图像：

$$\hat{\boldsymbol{X}}=\left(\lambda\boldsymbol{I}+\sum_i\boldsymbol{R}_i^{\mathrm{T}}\boldsymbol{R}_i\right)^{-1}\left(\lambda\boldsymbol{Y}+\sum_i\boldsymbol{R}_i^{\mathrm{T}}\boldsymbol{D}\boldsymbol{\alpha}_i\right)$$

11.2.4 实验及结果

下面的实验比较了三种不同的字典构造方法在处理图像去噪问题上的性能。这三种方法分别为：①固定的字典，如 DCT 字典；②全局训练字典：利用干净图像块，使用 K-SVD 算法训练得到的字典；③自适应字典：利用噪声图像块，使用 K-SVD 算法训练得到的字典。本实验还引入 Portilia 等人[22]提出的基于高斯混合模型的去噪算法（记为 Portilia 算法）进行比较。实验结果如表 11-1 所示，展示了不同字典构造方法下得到的去噪结果及与应用 Portilia 算法的对比结果。在实验中，选择了四幅常用的图像去噪测试图像，分别是“Lena”、“Barb”、“Boats”和“Fgrpt”，表中的数值为各算法去噪后图像的峰值信噪比（PSNR，Peak Signal-to-Noise Ratio）。PSNR 反映的是图像信噪比变化情况的统计平均，其定义如下：

$$\mathrm{PSNR} = 10 \times \lg\left(\frac{1}{\mathrm{MSE}}\right) \tag{11-12}$$

其中，MSE 为最小均方差，可表示为

$$\mathrm{MSE} = \frac{1}{rp}\sum_{x=1}^{r}\sum_{y=1}^{p}(\boldsymbol{X}(x,y) - \hat{\boldsymbol{X}}(x,y))^2 \tag{11-13}$$

其中，$\boldsymbol{X}$ 和 $\hat{\boldsymbol{X}}$ 分别表示原始图像和复原图像，r 和 p 分别为图像 $\boldsymbol{X}$ 的行、列尺寸。

表 11-1　不同算法下的 PSNR 值

单位：dB

σ/ PSNR	测 试 图 像	Portilia 算法	DCT 字典	全 局 字 典	自适应字典
2/42.11	Lena	43.23	43.55	43.23	**43.58**
	Barb	43.29	43.61	43.10	**43.67**
	Boats	42.99	43.07	41.86	**43.14**
	Fgrpt	**43.05**	42.92	42.94	42.99
5/34.15	Lena	38.49	38.51	38.48	**38.60**
	Barb	37.79	37.93	37.32	**38.08**
	Boats	36.97	37.09	36.64	**37.22**
	Fgrpt	**36.68**	36.48	36.56	36.65
10/28.13	Lena	**35.61**	35.28	35.40	35.47
	Barb	34.03	33.97	33.07	**34.42**
	Boats	33.58	33.44	33.53	**33.64**
	Fgrpt	**32.45**	32.14	32.23	32.39
15/24.61	Lena	**33.90**	33.38	33.60	33.70
	Barb	31.86	31.63	30.61	**32.37**
	Boats	31.70	31.38	31.63	**31.73**
	Fgrpt	**30.14**	29.71	29.86	30.06
20/22.11	Lena	**32.66**	32.00	32.27	32.38
	Barb	30.32	29.95	28.87	**30.83**
	Boats	**30.38**	29.91	30.24	30.36
	Fgrpt	**28.60**	28.01	28.21	28.47

续表

σ/ PSNR	测 试 图 像	Portilia 算法	DCT 字典	全 局 字 典	自适应字典
25/20.17	Lena	**31.69**	30.89	31.20	31.32
	Barb	29.13	28.65	27.57	**29.60**
	Boats	**29.37**	28.78	29.17	29.28
	Fgrpt	**27.45**	26.65	26.94	27.26
50/14.15	Lena	**28.61**	27.44	27.77	27.79
	Barb	**25.48**	24.75	24.06	25.47
	Boats	**26.38**	25.57	25.91	25.95
	Fgrpt	**24.16**	22.01	22.68	23.24
75/10.63	Lena	**26.84**	25.63	25.81	25.80
	Barb	**23.65**	22.83	22.54	23.01
	Boats	**24.79**	23.85	24.02	23.98
	Fgrpt	**22.40**	19.28	19.73	19.97
100/8.13	Lena	**25.64**	24.42	24.45	24.46
	Barb	**22.61**	21.89	21.73	21.89
	Boats	**23.75**	22.79	22.83	22.81
	Fgrpt	**21.22**	17.99	18.23	18.30

从表 11-1 可以看出，三种基于不同字典构造方法的算法去噪性能大体上非常接近。当$\sigma<50$时，采用 Portilia 算法的 PSNR 平均值为 34.62dB，采用 DCT 字典的去噪算法的 PSNR 平均值为 34.45dB，相差 0.17dB。采用全局训练字典的去噪算法的 PSNR 平均值与采用 DCT 字典的去噪算法的基本一致，这意味着采用全局训练字典的去噪算法和采用 DCT 字典的去噪算法性能相当。而采用自适应字典的去噪算法，其 PSNR 平均值为 34.86dB，比 Portilia 算法的高 0.24dB。但是，对于高噪声的情况，自适应字典的去噪性能随着噪声强度的增加而明显下降。

11.3 BM3D 图像去噪算法

基于非局部均值（Nonlocal Means，NLM）和稀疏表示的思想，Kostadin Dabov 等人提出了 BM3D（Block-matching and 3D Filtering）[21]图像去噪算法（简称 BM3D 算法）。BM3D 算法通过某种相似判定找到与参考块相近的二维图像块，并将这些相似块组合成为三维群组，再进行协同滤波处理，最后将得到的图像块的估计值加权平均并返回到原图像块的位置即可得到去噪图像。BM3D 算法是目前图像去噪领域内公认的最好的算法之一，是目前图像去噪领域算法的比较基准。由于 BM3D 算法良好的去噪效果，很多研究学者在此基础上提出了一些改进算法[23-25]。下面详细介绍一下 BM3D 算法。

11.3.1　相关概念

1．分组

定义：对于给定的 d 维信号，对其进行切分，相似的 d 维信号片段聚集一起形成 d+1 维数据结构，这个过程称为分组，所形成 d+1 维的数据结构，称为群组。

以图像为例，信号片段为任意的 2D 邻域，如图像块。一个群组就是一个由相似的 2D 图像块所构成的 3D 阵列。

2．块匹配分组

块匹配（Block Matching，BM）是寻找与给定参考块相似的片段（块）的过程。相似性是通过计算参考块和处于不同位置待匹配块的距离来得到的。如果待匹配块与参考块的距离小于给定的阈值，则认为这两个块是相似的，并将它们分到一个群组里。对于所考虑的群组来说，相似性起到隶属度函数的作用，而参考块可以看作群组的某一类型的中心。任何一个信号片段都可以作为参考块，这样就可以构造若干个相似的群组。

块匹配是一种特殊的匹配方法，它已经广泛应用于视频压缩中的运动估计。作为一种特殊的分组方式，BM 用来寻找相似的组块，然后将这些组块堆叠，形成 3D 阵列，即群组。图 11-1 给出了一个加载了噪声的自然图像块分组示例。在每一幅图像中，带有 R 标记的方块为参考块，其他为匹配块。图 11-2 中给出了人工图像块匹配后形成群组的过程，其中粗线方块表示参考块，其箭头所指的方块为与参考块相似的图像块，将这些相似块组成 3D 阵列，并对其进行 3D 变换即可得到稀疏表示，通过收缩系数实现图像去噪的目的。

3．协同滤波

通过分组，可以对每个群组进行高维滤波，这样可以挖掘构成群组的成员之间的相似性，进而可以估计它们的真实值，这种方法称为协同滤波。

对于给定群组中的 N 个组块，群组的协同滤波可以产生 N 个估计值，它们是一一对应的关系。一般来说，这些估计值是不相同的。术语“协同”的学术理解就是同一群组的不同组块相互作用进行滤波。

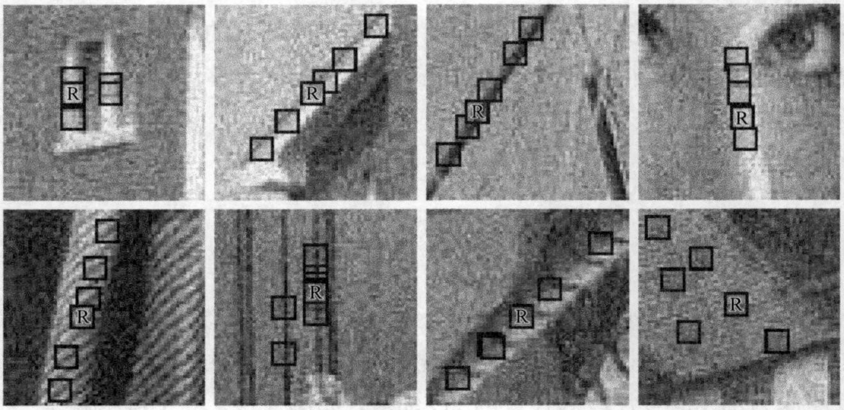

图 11-1　加载了噪声的自然图像块分组示例

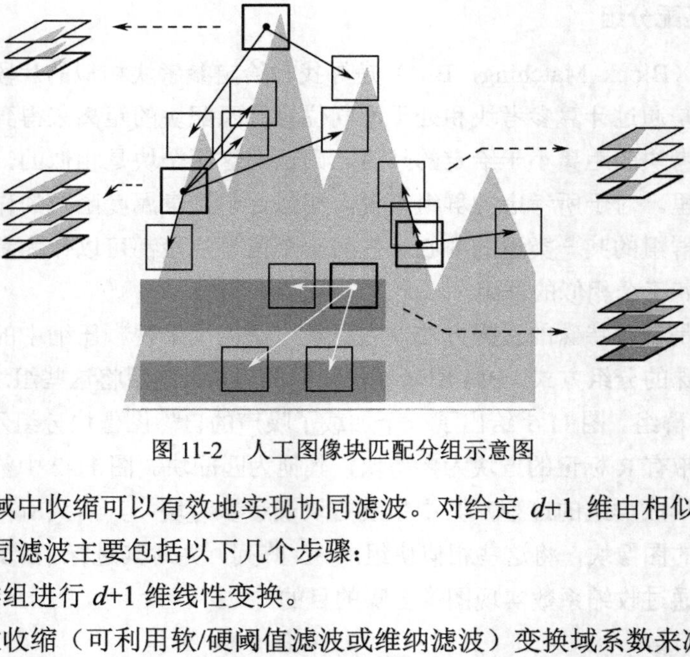

图 11-2　人工图像块匹配分组示意图

在变换域中收缩可以有效地实现协同滤波。对给定 d+1 维由相似组块形成的群组进行协同滤波主要包括以下几个步骤：

① 对群组进行 d+1 维线性变换。

② 通过收缩（可利用软/硬阈值滤波或维纳滤波）变换域系数来减小噪声。

③ 利用线性变换的逆变换得到所有群组中组块的估计值。

对自然图像所形成的群组进行去噪，这种协同的变换域收缩方法非常有效。这些群组具有如下特征。

① 组块内部的相关性：体现在每个分组组块内部像素点之间，这是自然图像的一个特性。

② 组块之间的相关性：体现在不同组块的相应像素点之间，群组中不同组块之间相似性的一个结果。

图像群组的 3D 变换能够很好地利用其相关性，对群组中的真实信号进行稀疏表示。这种稀疏性可以使收缩方法不仅能有效地降低噪声，而且能很好地保留信号的特征信息。

举个简单的例子来说明协同滤波的优势。例如图 11-1 分组图像块，首先考虑无协同滤波的情形，对于给定群组中的每个组块，分别进行 2D 变换。由于这些组块非常相似，因此就会得到大致相同的显著性变换系数，其个数记为α。这意味着包含 n 个组块的群组可由 $n\alpha$个系数表示。而在协同滤波的过程中，除了应用 2D 变换，还要在组块之间使用一维变换（相当于在群组中使用 3D 变换）。如果一维变换中含有一个 DC-basis 元素，那么由于组块之间高度相似，只需要用α个系数去表示整个群组，而不是 $n\alpha$个系数。因此，随着组块个数的增加，分组增强了稀疏性。

如图 11-1 所示，在自然图像中，位于不同位置的图像块之间具有很强的相似性，这种情况非常普遍。位于平坦、边缘、纹理等区域的图像块就具有这种特性，因此，对自然图像进行建模，组块之间存在相似性的假设是非常合理的，这种假设极大地促使了分组和协同滤波应用于图像去噪中。

在 BM3D 算法中采用了以下两种滤波。

（1）硬阈值滤波。

硬阈值滤波[26]去噪方法模型如图 11-3 所示。

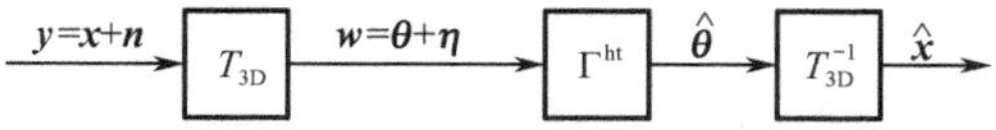

图 11-3　硬阈值滤波去噪方法模型

图中，$\boldsymbol{y}$ 表示输入的噪声图像，$\boldsymbol{x}$ 表示原始图像（不含噪声），$\boldsymbol{n}$ 表示加性噪声，且 $\boldsymbol{x}$ 和 $\boldsymbol{n}$ 相互独立。T_{3D} 表示 3D 变换处理，$\boldsymbol{\theta}$表示原始图像 $\boldsymbol{x}$ 经过小波变换后的系数，$\boldsymbol{\eta}$ 表示噪声信号 $\boldsymbol{n}$ 经过小波变换后的系数，Γ^{ht} 表示硬阈值滤波操作，$\hat{\boldsymbol{\theta}}$ 表示硬阈值滤波后不含噪声的小波系数，T_{3D}^{-1} 表示 3D 逆变换操作，$\hat{\boldsymbol{x}}$ 表示硬阈值滤波后的原始图像估计值。

（2）维纳滤波。

维纳滤波（Wiener Filter）[27]是一种基于最小均方差（MMSE）准则的最佳滤波器。该滤波器的实际输出与预期输出之间的均方差最小，所以它能从平稳噪声污染的信号中提取原信号。Sandeep P. Ghael 等人将维纳滤波的思想引入小波域图像处理，并提出了经验维纳滤波方法。对于图像信号 $\boldsymbol{y}(z)=\boldsymbol{x}(z)+\boldsymbol{n}(z)$，经验维纳滤波器的形式如下：

$$\hat{\boldsymbol{\theta}}(z)=\boldsymbol{H}_{\mathrm{w}}(z)\boldsymbol{\varphi}(z)=\frac{\boldsymbol{\theta}^2(z)}{\boldsymbol{\theta}^2(z)+\sigma^2}\boldsymbol{\varphi}(z) \tag{11-14}$$

其中，z 表示图像信号 $\boldsymbol{y}$ 中的一个像素点坐标，σ 表示噪声 $\boldsymbol{n}(z)$ 的标准差，原始信号 $\boldsymbol{x}(z)$ 是未知的，所以小波变换后的系数 $\boldsymbol{\theta}(z)$ 也是未知的，这时可以使用硬阈值滤波后的估计值近似代替真实值 $\boldsymbol{\theta}(z)$，其处理过程如图 11-4 所示。

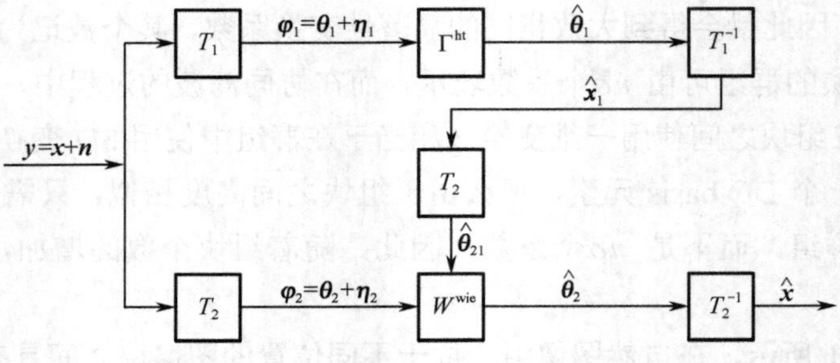

图 11-4　基于小波变换的经验维纳滤波示意图

图中，$\boldsymbol{y}$ 为输入的噪声图像，$\boldsymbol{x}$ 表示原始图像（不含噪声），$\boldsymbol{n}$ 表示加性噪声，且 $\boldsymbol{x}$ 和 $\boldsymbol{n}$ 相互独立。T_1 和 T_2 分别表示使用两种不同小波基的小波变换，T_1^{-1} 和 T_2^{-1} 分别表示对应的逆小波变换。Γ^{ht} 表示硬阈值滤波操作，W^{wie} 表示维纳滤波操作，$\boldsymbol{\theta}_1$ 表示原始图像经过 T_1 变换后的小波系数，$\boldsymbol{\eta}_1$ 表示噪声信号经过 T_1 变换后的小波系数。$\hat{\boldsymbol{\theta}}_1$ 表示原始图像估计值经过 Γ^{ht} 处理后的小波系数，$\hat{\boldsymbol{x}}_1$ 表示对 $\hat{\boldsymbol{\theta}}_1$ 经过 T_1^{-1} 处理后得到的图像估计值，$\hat{\boldsymbol{\theta}}_{21}$ 表示图像估计值 $\hat{\boldsymbol{x}}_1$ 经过 T_2 变换后的小波系数。

可以使用 $\hat{\boldsymbol{\theta}}_{21}$ 设计经验维纳滤波器，该滤波器的形式如下：

$$\boldsymbol{W}^{\mathrm{wie}}(z)=\frac{\hat{\boldsymbol{\theta}}_{21}^2(z)}{\hat{\boldsymbol{\theta}}_{21}^2(z)+\sigma^2} \tag{11-15}$$

原始观测信号 $\boldsymbol{y}$ 经过 T_2 处理后可以得到 $\boldsymbol{\varphi}_2$，通过式（11-16）可以得到维纳滤波的信号估计值的小波系数 $\hat{\boldsymbol{\theta}}_2$：

$$\hat{\boldsymbol{\theta}}_2=\boldsymbol{W}^{\mathrm{wie}}\boldsymbol{\varphi}_2 \tag{11-16}$$

$\hat{\boldsymbol{\theta}}_2$ 经过逆小波变换 T_2^{-1} 可以得到信号的估计值 $\hat{\boldsymbol{x}}$：

$$\hat{\boldsymbol{x}}=T_2^{-1}(\hat{\boldsymbol{\theta}}_2) \tag{11-17}$$

11.3.2　BM3D 图像去噪算法框架

在该算法中，分组是通过块匹配实现的，协同滤波是通过 3D 变换域中的系数收缩来实现的，所有的图像块都是大小固定的正方形块。算法从输入的噪声图像中依次提取参考块，且对于每一个参考块进行如下操作：

① 利用块匹配方法寻找与参考块相似的图像块，将它们进行堆叠形成 3D 阵列（群组）。

② 对于每个群组进行协同滤波，得到群组中每个组块的 2D 估计值，并将这些估计映射到其原来的图像位置。

对每个参考块进行上述处理，得到的块估计是有重叠的。因此对于每个像素点，会有多个估计值。将这些估计值进行聚合就可以得到整个图像的估计值。

BM3D 算法分为两个阶段：基本估计阶段和最终估计阶段。每个阶段包含三个步骤：分组、协同滤波和聚合。BM3D 算法框架如图 11-5 所示。

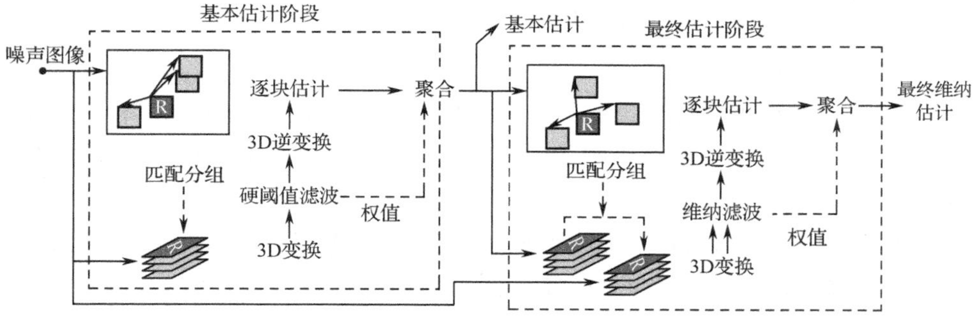

图 11-5　BM3D 算法框架

11.3.3　BM3D 图像去噪算法实现

下面详细介绍整个算法的实现。考虑噪声图像 $\boldsymbol{Y}$ 具有如下形式：

$$\boldsymbol{Y}(z)=\boldsymbol{X}(z)+\boldsymbol{N}(z), z \in \mathbf{Z} \tag{11-18}$$

其中，$\boldsymbol{Y}$ 表示含有噪声的图像；z 表示图像 $\boldsymbol{Y}$ 中的一个像素点坐标；$\boldsymbol{N}$ 是独立同分布的均值为 0、方差为 σ^2 的高斯白噪声。为了区别第一阶段和第二阶段使用的参数，分别用上标字母“ht”（hard thresholding）和“wie”（wiener filtering）表示。例如，第一阶段图像块的大小用 N^{ht} 表示；第二阶段图像块的大小用 N^{wie} 表示。类似地，$\hat{\boldsymbol{X}}^{\mathrm{basic}}$ 表示基本估计，$\hat{\boldsymbol{X}}^{\mathrm{final}}$ 表示最终估计。

1. 第一阶段，基本估计

对噪声图像进行分块，每个图像块作为参考块，进行分组和硬阈值滤波处理。

（1）分组。

寻找与参考块相似的图像块，将它们进行堆叠形成 3D 阵列（群组）。利用欧氏距离度量这些块之间的相似性，把具有相似性的图像块组合在一起构成群组。图像块之间距离越小则表明图像块相似程度越高。对于给定的参考块，在一定的范围内寻找与其相似的图像块，当两个块之间的欧氏距离小于某个给定的阈值时，则将其判定为相似块并划归到一组。遍历整个搜索窗口，从而可搜索到该参考块的所有相似块，并组成一个三维阵列。块之间距离可以定义为

$$d(\boldsymbol{Y}_{z_R},\boldsymbol{Y}_z)=\frac{\|\Gamma'(T_{2D}^{ht}(\boldsymbol{Y}_{z_R}))-\Gamma'(T_{2D}^{ht}(\boldsymbol{Y}_z))\|_2^2}{(N^{ht})^2} \tag{11-19}$$

其中，$\boldsymbol{Y}_{z_R}$ 表示参考块，$\boldsymbol{Y}_z$ 表示匹配块，Γ' 表示硬阈值滤波算子，T_{2D}^{ht} 表示二维线性变换。与参考块 $\boldsymbol{Y}_{z_R}$ 相似的图像块所组成的三维群组为包含如下坐标的集合：

$$S_{z_R}^{ht}=\{z\in\mathbf{Z}^2:d(\boldsymbol{Y}_{z_R},\boldsymbol{Y}_z)\leqslant\tau_{match}^{ht}\} \tag{11-20}$$

其中，参数 τ_{match}^{ht} 为判定两个图像块相似的最大距离。

（2）协同硬阈值滤波。

对所形成的群组进行三维变换，通过硬阈值滤波方法减小图像噪声，利用三维逆变换得到所有二维组块的估计值，将组块的估计值映射到其原来的图像位置。

具体分为三个小步骤：三维线性变换、硬阈值收缩变换域系数及逆线性变换。经过这三个步骤，就得到了每个图像块的估计值。具体表示为

$$\hat{\boldsymbol{X}}_{S_{z_R}^{ht}}^{ht}=(T_{3D}^{ht})^{-1}\Gamma(T_{3D}^{ht}(\boldsymbol{Y}_{S_{z_R}^{ht}})) \tag{11-21}$$

其中，Γ 是硬阈值滤波算子，$\boldsymbol{Y}_{S_{z_R}^{ht}}$ 表示相似组对应的三维群组，T_{3D}^{ht} 和 $(T_{3D}^{ht})^{-1}$ 分别表示一个三维变换和其相应的三维逆变换。

由于每个群组都是由相应的相似图像块组成的，这个相似性就意味着每个群组所构成的三维阵列在变换域中都会有一个较为稀疏的表示，即在变换域中，三维阵列的变换可以用少量的非零元素组合来表示。在三维变换域中的稀疏性会远远高于二维图像变换所得到的稀疏性，这也使得相比二维图像变换，对图像群组的三维变换能够更好地减弱噪声。

图 11-6 展示了经过三维变换域的硬阈值处理后，三维变换域和二维变换域中非零元素的分布情况：经过阈值收缩后，在三维变换域只有少量的系数非零的元素被保留下来，即是稀疏的。这个稀疏性是通过组中每个图像块的二维变换 T_{2D} 以及图像块之间的一维变换 T_{1D} 得到的。再利用 T_{2D}^{-1} 反变换，可以得到一系列中间块估计，最后经过 T_{1D}^{-1} 反变换，就可得到每个块的估计。对 T_{3D} 变换域的反变换，既可以先执行 T_{2D}^{-1} 反变换，再执行 T_{1D}^{-1} 反变换，也可以调换顺序执行。

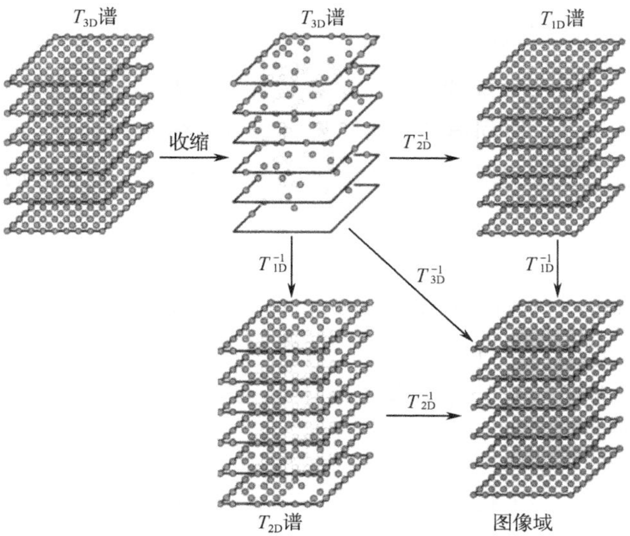

图 11-6　协同硬阈值滤波后稀疏性图示

（3）聚合。

每个参考块可能有多个估计值，对多个估计值加权平均可以得到图像的基本估计。协同硬阈值滤波后，可以得到每个图像块相应的估计值，但由于在分组时，图像块之间具有重叠问题，例如，如果图像块 1 和图像块 2、3 相似，经过分组滤波后，会得到关于图像块 1 的三个估计值且三个值一般不一样。所以，为了得到更为准确的图像块估计值，在协同硬阈值滤波后，对每个图像块的所有估计值进行加权平均。权重的具体计算式为

$$w_{z_R}^{\mathrm{ht}} = \begin{cases} \dfrac{1}{\sigma^2 N_{\mathrm{har}}^{z_R}}, & N_{\mathrm{har}}^{z_R} \geqslant 1 \\ 1, & \text{其他} \end{cases} \tag{11-22}$$

其中，$N_{\mathrm{har}}^{z_R}$ 为协同硬阈值滤波后非零系数的个数。将所有参考块的基本估计的结果进行聚合就可以得到图像的基本估计：

$$\hat{\boldsymbol{X}}^{\mathrm{basic}}(\boldsymbol{z}) = \frac{\sum\limits_{z_R \in \mathbf{Z}^2} \sum\limits_{z_m \in S_{z_R}^{\mathrm{ht}}} w_{z_R}^{\mathrm{ht}} \hat{\boldsymbol{X}}_{z_m}^{\mathrm{ht},z_R}(\boldsymbol{z})}{\sum\limits_{z_R \in \mathbf{Z}^2} \sum\limits_{z_m \in S_{z_R}^{\mathrm{ht}}} w_{z_R}^{\mathrm{ht}} \chi_{z_m}(\boldsymbol{z})}, \quad \forall \boldsymbol{z} \in \mathbf{Z}^2 \tag{11-23}$$

其中，$\hat{\boldsymbol{X}}_{z_m}^{\mathrm{ht},z_R}(\boldsymbol{z})$ 是位于 $\boldsymbol{z}_m$ 处与位于 $\boldsymbol{z}_R$ 处的参考块相似的图像块的基本估计值；$\chi_{z_m}:\mathbf{Z}^2 \to \{0,1\}$ 是位于 $\boldsymbol{z}_m \in \mathbf{Z}^2$ 处的图像块的特征算子，在该算子的支撑集之外，$\hat{\boldsymbol{X}}_{z_m}^{\mathrm{ht},z_R}(\boldsymbol{z})$ 为零。

2. 第二阶段，最终估计

利用基本估计，在其基础上进行最终估计。与基本估计类似，最终估计也分为三步，分别为分组、协同维纳滤波和聚合。具体描述如下。

对于基本估计图像中提取出来的每个参考块，进行分组和协同维纳滤波处理。

（1）分组。

在基本估计中用块匹配的方式找到与参考块相似的块的位置。利用这些位置可以得到两个群组（三维阵列），一个来自噪声图像，另一个来自基本估计图像。

最终估计是在基本估计的基础上进行图像块匹配处理的。与基本估计阶段类似，采用同样的分组方式处理基本估计得到三维估计块群组。在最终估计中，块之间的距离定义为

$$d(\hat{\boldsymbol{X}}_{z_R}^{\text{basic}}, \hat{\boldsymbol{X}}_{z}^{\text{basic}}) = \frac{\| \hat{\boldsymbol{X}}_{z_R}^{\text{basic}} - \hat{\boldsymbol{X}}_{z}^{\text{basic}} \|_2^2}{(N^{\text{wie}})^2} \tag{11-24}$$

其中，$\hat{\boldsymbol{X}}_{z_R}^{\text{basic}}$、$\hat{\boldsymbol{X}}_{z}^{\text{basic}}$ 分别表示基本估计中的参考块和匹配块，N^{wie} 表示图像块大小。与参考图像块 $\hat{\boldsymbol{X}}_{z_R}^{\text{basic}}$ 相似的图像块所组成的三维群组为包含如下坐标的集合：

$$S_{z_R}^{\text{wie}} = \{ z \in \mathbf{Z}^2 : d(\hat{\boldsymbol{X}}_{z_R}^{\text{basic}}, \hat{\boldsymbol{X}}_{z}^{\text{basic}}) \leqslant \tau_{\text{match}}^{\text{wie}} \} \tag{11-25}$$

其中，参数 $\tau_{\text{match}}^{\text{wie}}$ 为判定两个图像块相似的最大距离。

利用集合 $S_{z_R}^{\text{wie}}$ 形成两个群组：一个来自噪声图像，另一个来自基本估计图像，$\hat{\boldsymbol{X}}_{S_{z_R}^{\text{wie}}}^{\text{basic}}$ 表示由基本估计块 $\hat{\boldsymbol{X}}_{z \in S_{z_R}^{\text{wie}}}^{\text{basic}}$ 堆叠而成的基本估计群组；$\boldsymbol{Y}_{S_{z_R}^{\text{wie}}}$ 表示由噪声图像块 $\boldsymbol{Y}_{z \in S_{z_R}^{\text{wie}}}$ 堆叠而成的噪声图像群组。

（2）协同维纳滤波。

对上述的两个群组中进行三维变换，将基本估计当作真实信号的能量谱，利用该能量谱对噪声图像进行协同维纳滤波处理。对于滤波系数进行三维逆变换，得到所有组块的估计值，并将组块的估计值映射到图像的原来位置。

通过基本估计群组的三维变换系数的能量谱定义经验维纳滤波收缩系数：

$$\boldsymbol{W}_{S_{z_R}^{\text{wie}}} = \frac{|T_{3D}^{\text{wie}}(\hat{\boldsymbol{X}}_{S_{z_R}^{\text{wie}}}^{\text{basic}})|^2}{|T_{3D}^{\text{wie}}(\hat{\boldsymbol{X}}_{S_{z_R}^{\text{wie}}}^{\text{basic}})|^2 + \sigma^2 \boldsymbol{L}} \tag{11-26}$$

其中，$\boldsymbol{L}$ 是与图像同规模的元素皆为 1 的阵列。协同维纳滤波应用于噪声图像群组 $\boldsymbol{Y}_{S_{z_R}^{\text{wie}}}$，是通过噪声图像群组三维变换后的系数 $T_{3D}^{\text{wie}}(\boldsymbol{Y}_{S_{z_R}^{\text{wie}}})$ 与维纳滤波收缩系数 $\boldsymbol{W}_{S_{z_R}^{\text{wie}}}$ 相乘实现的，然后利用三维变换的逆变换 $(T_{3D}^{\text{wie}})^{-1}$ 就可以得到噪声群组的估计值：

$$\hat{X}^{\text{wie}}_{S^{\text{wie}}_{z_R}} = (T^{\text{wie}}_{3D})^{-1}(W_{S^{\text{wie}}_{z_R}}(T^{\text{wie}}_{3D}(Y_{S^{\text{wie}}_{z_R}}))) \tag{11-27}$$

由于最终估计利用了基本估计来引导协同维纳滤波，因此与基本估计单纯的硬阈值处理相比，最终估计的估计值要更准确、更有效。

（3）聚合。

对所有局部估计值进行加权平均得到图像的最终估计。最终权重计算式为

$$w^{\text{wie}}_{z_R} = \sigma^2 \| W_{S^{\text{wie}}_{z_R}} \|_2^{-2} \tag{11-28}$$

图像的最终估计为

$$\hat{X}^{\text{final}}(z) = \frac{\sum_{z_R \in \mathbf{Z}^2} \sum_{z_m \in S^{\text{wie}}_{z_R}} w^{\text{wie}}_{z_R} \hat{X}^{\text{wie},z_R}_{z_m}(z)}{\sum_{z_R \in \mathbf{Z}^2} \sum_{z_m \in S^{\text{wie}}_{z_R}} w^{\text{wie}}_{z_R} \chi_{z_m}(z)}, \forall z \in \mathbf{Z}^2 \tag{11-29}$$

在算法的第二阶段中，有两点非常重要：① 为了提高块匹配分组的准确性，利用图像的基本估计而不是噪声图像；② 将基本估计图像看作引导信号（pilot signal）并利用其谱系数对噪声图像做协同维纳滤波处理，这比直接在三维变换域中对噪声图像应用硬阈值滤波处理在效果和精度上都好很多。

11.3.4 实验及结果

BM3D 算法和其他算法去噪性能的比较如图 11-7 所示。比较算法包括了 BLS-GSM[22]、FSP+TUP BLS-GSM[28]、基于示例的图像去噪算法[29]、K-SVD[9]和点 SA-DCT[30]算法。在图 11-7 中，“□”表示 BM3D 算法，“+”表示 BLS-GSM 算法，“○”表示 FSP+TUP BLS-GSM 算法，“×”表示基于示例的图像去噪算法，“◇”表示 K-SVD 算法，“*”表示点 SA-DCT 算法。

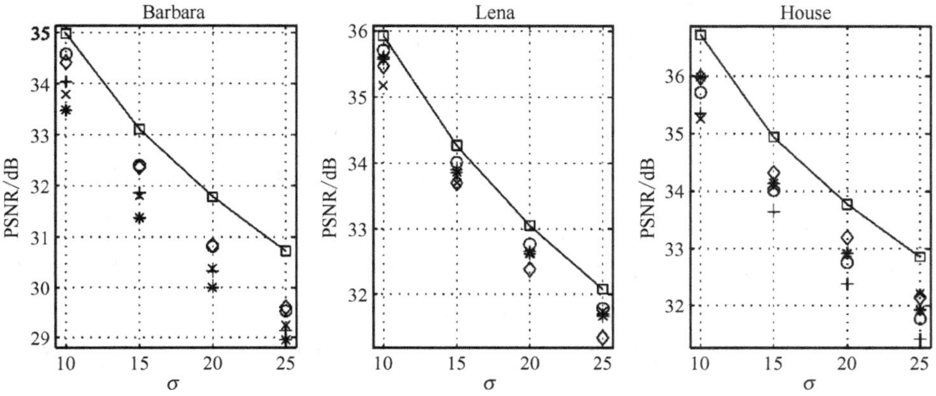

图 11-7 不同算法的去噪性能

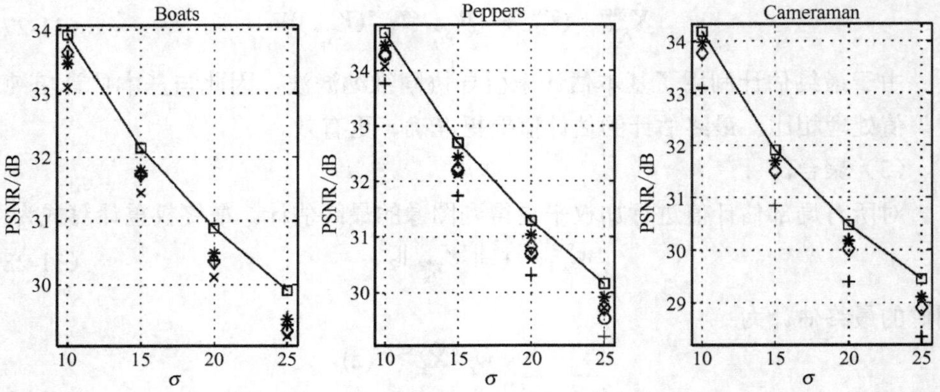

图 11-7　不同算法的去噪性能（续）

（注：图上方英文为算法所应用的图像名）

从图 11-7 中可以看出，BM3D 算法表现出非常好的性能，在去噪效果上比其他几种比较算法都好。尤其在“Barbara”和“House”图像上，由于这两幅图像包含较多的边缘和纹理结构信息，这些结构信息可以有效地促使分组和协同滤波，使得 BM3D 算法在这两幅图像上的去噪效果非常显著。

11.4　基于混合矩阵正态分布的图像复原算法

在传统的图像复原算法中，高斯混合模型（Gaussian Mixture Model，GMM）作为图像的先验模型，在图像复原问题上取得了较好的效果[31]。然而，对于多通道彩色图像来说，3 阶张量的每一个模（mode）都具有一定的物理意义：模 3 表示不同的通道，模 1 和模 2 所构成的集合表示不同通道下同一目标的图像，其中包含有用的空间信息，而且不同通道下同一目标的图像应该具有相似的性质。在基于 GMM 的图像复原算法（简称 GMM 算法）中，3 阶的张量转化为一个向量，这种向量表示使得内在的空间相关信息部分丢失，进而导致原始图像估计不精确。更为重要的是，对于 3 阶张量 $\boldsymbol{X} \in \mathbf{R}^{p \times q \times r}$，在 GMM 算法中，变量的维数是 pqr，相应的协方差矩阵的参数个数是 $pqr(pqr+1)/2$。如果样本个数比较少，特别是等于或少于变量的维数时，统计推断过程将会非常不稳定。为了克服 GMM 算法在解决图像复原问题时的缺点，本节将混合矩阵正态分布（Mixture of Matrix Normal Distributions，MMND）作为图像的先验模型，提出了基于混合矩阵正态分布的图像复原算法，并在理论上解释了其与稀疏表示模型之间的关系。

11.4.1　相关概念

1. 张量

为了易于理解，首先介绍一下与本节内容相关的 3 阶张量的概念。张量是在不同的坐标变换下以某种方式变换的有序数组的集合[32,33]。令 $\boldsymbol{A}$ 为 $\mathbf{R}^{l_1\times l_2\times l_3}$ 中的一个张量，即一个三维的实值数组。张量 $\boldsymbol{A}$ 的维数称为模（Mode）。维数的总个数称为张量 $\boldsymbol{A}$ 的阶数（Order）。张量 $\boldsymbol{A}$ 的元素记为 $A_{i_1i_2i_3}$，其中 $1\leqslant i_j\leqslant l_j$，$1\leqslant j\leqslant 3$，$l_j$ 是第 j 模的上界。标量是 0 阶张量，向量是 1 阶张量，矩阵是 2 阶张量。3 阶张量的结构如图 11-8 所示。

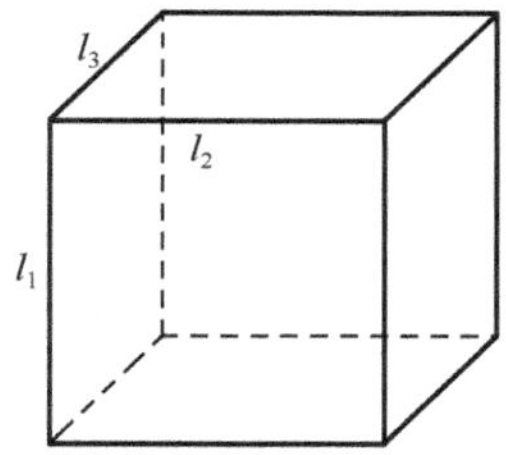

图 11-8　一个 3 阶张量 $\boldsymbol{A}\in\mathbf{R}^{l_1\times l_2\times l_3}$ 的结构

定义 1（模-d 矩阵化或矩阵展开）：对于 3 阶张量 $\boldsymbol{A}\in\mathbf{R}^{l_1\times l_2\times l_3}$，固定指标 $l_d\,(1\leqslant d\leqslant 3)$，变化其他两个指标，所得到的矩阵，称为张量 $\boldsymbol{A}\in\mathbf{R}^{l_1\times l_2\times l_3}$ 的模-d 矩阵化或矩阵展开。

根据定义，张量 $\boldsymbol{A}\in\mathbf{R}^{l_1\times l_2\times l_3}$ 的模-d 矩阵化是一个矩阵 $\boldsymbol{A}_{(d)}\in\mathbf{R}^{l_d\times\bar{l}_d}$，其中 $\bar{l}_d=\prod\limits_{j\neq d}l_j\,(j=1,2,3)$。图 11-9 所示是 3 阶张量的模-3 矩阵化的一个实例。

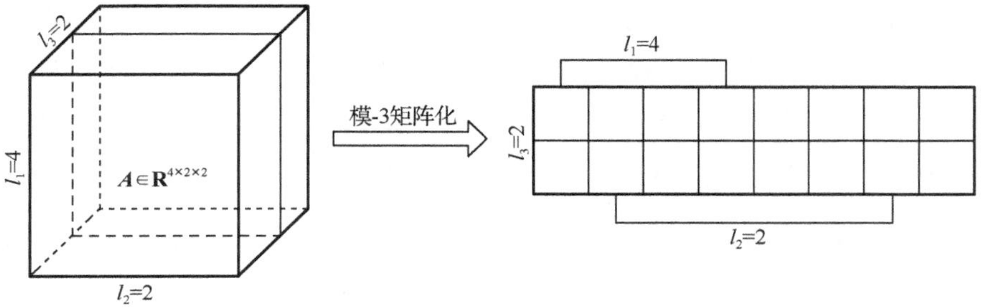

图 11-9　3 阶张量 $\boldsymbol{A}\in\mathbf{R}^{4\times2\times2}$ 的模-3 矩阵化

定义 2（Kronecker 乘积）：对于矩阵 $\boldsymbol{A}\in\mathbf{R}^{m\times n}$ 和矩阵 $\boldsymbol{B}\in\mathbf{R}^{p\times q}$，$\boldsymbol{A}$ 和 $\boldsymbol{B}$ 的 Kronecker 乘积定义为

$$\boldsymbol{A} \otimes \boldsymbol{B} = (a_{ij}\boldsymbol{B}) = \begin{pmatrix} a_{11}\boldsymbol{B} & \cdots & a_{1n}\boldsymbol{B} \\ \vdots & \vdots & \vdots \\ a_{m1}\boldsymbol{B} & \cdots & a_{mn}\boldsymbol{B} \end{pmatrix} \in \mathbf{R}^{mp \times nq} \tag{11-30}$$

性质 1：假设 $\lambda_i (i=1,2,\cdots,n)$ 为矩阵 $\boldsymbol{A} \in \mathbf{R}^{n\times n}$ 的特征值，$\mu_j (j=1,2,\cdots,m)$ 为矩阵 $\boldsymbol{B} \in \mathbf{R}^{m\times m}$ 的特征值，则矩阵 $\boldsymbol{A}$ 和矩阵 $\boldsymbol{B}$ 的 Kronecker 乘积 $\boldsymbol{A} \otimes \boldsymbol{B}$ 的 mn 个特征值为 $\lambda_i \mu_j (i=1,2,\cdots,n;\ j=1,2,\cdots,m)$。另外，若 $\boldsymbol{x}_1,\boldsymbol{x}_2,\cdots,\boldsymbol{x}_p$ 为矩阵 $\boldsymbol{A}$ 相对于特征值 $\lambda_1,\lambda_2,\cdots,\lambda_p$ ($p \leqslant n$)的线性独立的特征向量，$z_1,z_2,\cdots,z_q$ 为矩阵 $\boldsymbol{B}$ 相对于特征值 $\mu_1,\mu_2,\cdots,\mu_q$ ($q \leqslant m$)的线性独立的特征向量，则 $\boldsymbol{x}_i \otimes \boldsymbol{z}_j \in \mathbf{R}^{mn}$ 是 $\boldsymbol{A} \otimes \boldsymbol{B}$ 相对于特征值 $\lambda_i \mu_j (i=1,2\cdots,p;\ j=1,2\cdots,q)$ 的线性独立的特征向量。

定义 3（矩阵向量化）：对于矩阵 $\boldsymbol{A} \in \mathbf{R}^{m\times n}$，$\boldsymbol{A} = [\boldsymbol{a}_1,\boldsymbol{a}_2\cdots,\boldsymbol{a}_n]$，其中 $\boldsymbol{a}_i \in \mathbf{R}^m (i=1,2\cdots,n)$ 为矩阵 $\boldsymbol{A}$ 的列。矩阵 $\boldsymbol{A}$ 向量化为 mn 维向量，该向量是由矩阵 $\boldsymbol{A}$ 的列堆叠而成的，即

$$\operatorname{vec}(\boldsymbol{A}) = \begin{bmatrix} \boldsymbol{a}_1 \\ \vdots \\ \boldsymbol{a}_n \end{bmatrix} \in \mathbf{R}^{mn} \tag{11-31}$$

2. 混合矩阵正态分布

给定观测矩阵集合 $\boldsymbol{D} = \{\boldsymbol{X}_i\}_{i=1}^{I}$，$\boldsymbol{X}_i \in \mathbf{R}^{r\times p}$。假设集合 $\boldsymbol{D}$ 中的矩阵服从具有 K 个分量的混合矩阵正态分布（MMND）[34]，其概率密度函数为

$$p(\boldsymbol{X},\Theta) = \sum_{j=1}^{K} w_j G(\boldsymbol{X},\boldsymbol{M}_j,\boldsymbol{\Omega}_j,\boldsymbol{S}_j) \tag{11-32}$$

其中，权重 $w_j \geqslant 0 (j=1,2\cdots,K)$ 且满足 $\sum_{j=1}^{K} w_j = 1$，它表示属于混合矩阵正态分布中某一个分量的先验概率；$\boldsymbol{X} \in \mathbf{R}^{r\times p}$ 是一个随机矩阵；$\Theta = \{\boldsymbol{M}_j,\boldsymbol{\Omega}_j,\boldsymbol{S}_j\}_{j=1}^{K}$ 表示混合矩阵正态分布的参数集合；$\boldsymbol{M}_j$ 是第 j 个分量的均值矩阵；$\boldsymbol{S}_j$ 是 $p\times p$ 对称正定矩阵，称为第 j 个分量列协方差矩阵；$\boldsymbol{\Omega}_j$ 是 $r\times r$ 对称正定矩阵，称为第 j 个分量行协方差矩阵；$G(\boldsymbol{X},\boldsymbol{M}_j,\boldsymbol{\Omega}_j,\boldsymbol{S}_j)$ 是第 j 个矩阵正态分布的概率密度函数：

$$G(\boldsymbol{X},\boldsymbol{M}_j,\boldsymbol{\Omega}_j,\boldsymbol{S}_j) = (2\pi)^{-\frac{rp}{2}} |\boldsymbol{\Omega}_j|^{-\frac{p}{2}} |\boldsymbol{S}_j|^{-\frac{r}{2}} \exp\left\{-\frac{1}{2}\operatorname{tr}\left[\boldsymbol{S}_j^{-1}(\boldsymbol{X}-\boldsymbol{M}_j)^{\mathrm{T}}\boldsymbol{\Omega}_j^{-1}(\boldsymbol{X}-\boldsymbol{M}_j)\right]\right\} \tag{11-33}$$

在式（11-33）中，tr(·)为矩阵的迹。

矩阵正态分布和多变量正态分布存在如下关系：若随机矩阵 $\boldsymbol{X}$ 服从矩阵正态分布，即 $\boldsymbol{X} \sim G(\boldsymbol{X},\boldsymbol{M},\boldsymbol{\Omega},\boldsymbol{S})$，等价于随机向量 $\operatorname{vec}(\boldsymbol{X})$ 服从多变量正态分布，即

$\mathrm{vec}(\boldsymbol{X}) \sim N(\mathrm{vec}(\boldsymbol{M}), \boldsymbol{S} \otimes \boldsymbol{\Omega})$[35]。

根据贝叶斯定理，观测矩阵属于混合矩阵正态分布第 j 个分量的后验概率 $P(j \mid \boldsymbol{X}, \Theta)$ 可表示为

$$P(j \mid \boldsymbol{X}, \Theta) = \frac{w_j G(\boldsymbol{X}, \boldsymbol{M}_j, \boldsymbol{\Omega}_j, \boldsymbol{S}_j)}{p(\boldsymbol{X}, \Theta)}，\ j = 1, 2, \cdots, K \tag{11-34}$$

在式（11-34）中，参数集合 Θ 可以利用极大似然估计法和最大期望（EM）算法来进行计算[36]。

当 MMND 用于分类时，可以利用贝叶斯（Bayesian）决策规则：$j^* = \arg\max_j P(j \mid \boldsymbol{X}, \hat{\Theta})$ 来进行分类，即将矩阵 $\boldsymbol{X}$ 分类到后验概率 $P(j \mid \boldsymbol{X}, \hat{\Theta})$ 最大的类 j^* 中。通过取对数和简单的计算，分类准则变为

$$j^* = \arg\min_j d_j(\boldsymbol{X})，\ j = 1, 2, \cdots, K \tag{11-35}$$

其中

$$d_j(\boldsymbol{X}) = p\ln(|\boldsymbol{\Omega}_j|) + r\ln(|\boldsymbol{S}_j|) + \mathrm{tr}[\boldsymbol{S}_j^{-1}(\boldsymbol{X} - \boldsymbol{M}_j)^{\mathrm{T}}\boldsymbol{\Omega}_j^{-1}(\boldsymbol{X} - \boldsymbol{M}_j)] - 2\ln w_j \tag{11-36}$$

11.4.2　基于混合矩阵正态分布的图像复原算法实现

本节详细介绍了基于混合矩阵正态分布的图像复原算法，以混合矩阵正态分布为图像的先验模型，构建正则化的图像复原模型，并发展模型参数估计的优化算法，从理论上解释所提算法与基于稀疏表示模型的图像复原算法之间的关系。

1. 正则化的图像复原模型

假设我们考虑多通道图像 $\boldsymbol{A} \in \boldsymbol{R}^{n_x \times n_y \times n_b}$，这是一个 3 阶张量，$n_x$ 和 n_y 表示在二维空间中每个方向上的像素个数，n_b 表示通道的个数。由于后面要考虑矩阵或向量表示的模型，因此首先将 3 阶张量 $\boldsymbol{A}$ 通过模-3 矩阵化将其转换为一个矩阵，记为 $\boldsymbol{X} \in \mathbf{R}^{n_b \times (n_x n_y)}$。

令 $\boldsymbol{X}$ 为原始图像，$\boldsymbol{Y}$ 为退化图像。退化图像和原始图像之间的关系如式（11-1）所示，图像复原问题就是在某些条件下由退化图像估计原始图像的过程。

为了使模型简便和易于理解，将图像分解成大小为 $r \times p$ 的重叠的图像块，每一个退化图像块由下式形成：

$$\mathrm{vec}(\boldsymbol{Y}_i) = \boldsymbol{U}_i \mathrm{vec}(\boldsymbol{X}_i) + \mathrm{vec}(\boldsymbol{N}_i) \tag{11-37}$$

式中，$\boldsymbol{U}_i$ 是限制在图像块 i 上的退化算子；$\boldsymbol{Y}_i$、$\boldsymbol{X}_i$ 和 $\boldsymbol{N}_i$ 分别是限制在图像块 i 上的退化图像、原始图像和可加噪声，$1 \leqslant i \leqslant I$，$I$ 是图像块的总块数。首先估计每一个原始图像块，然后将估计到的原始图像块进行合成和平均，就可以得到估计的

整个原始图像。

图像复原问题是一个反问题，而且常常是一个不适定问题。为了解决该问题，需要一些先验图像知识或使用图像模型。因此，先验图像知识对于估计原始图像是非常重要的。假设图像块 $\boldsymbol{X}_i$ 作为矩阵随机变量服从具有 K 个分量的混合矩阵正态分布，相应的概率密度函数如式（11-32）所示。图像块之间相互独立，每一个图像块 $\boldsymbol{X}_i$ 独立抽样于混合矩阵正态分布的第 j_i 个分量($j_i \in [1,K]$)，相应的概率密度函数为

$$\begin{aligned} p(\boldsymbol{X}_i) &= G(\boldsymbol{X}_i, \boldsymbol{M}_{j_i}, \boldsymbol{\Omega}_{j_i}, \boldsymbol{S}_{j_i}) \\ &= (2\pi)^{-\frac{rp}{2}} |\boldsymbol{\Omega}_{j_i}|^{-\frac{p}{2}} |\boldsymbol{S}_{j_i}|^{-\frac{r}{2}} \exp\left\{-\frac{1}{2}\mathrm{tr}\left[\boldsymbol{S}_{j_i}^{-1}(\boldsymbol{X}_i - \boldsymbol{M}_{j_i})^{\mathrm{T}}\boldsymbol{\Omega}_{j_i}^{-1}(\boldsymbol{X}_i - \boldsymbol{M}_{j_i})\right]\right\} \end{aligned} \tag{11-38}$$

下面，利用最大对数后验概率推导出估计原始图像块的优化目标函数。假设 $\mathrm{vec}(\boldsymbol{N}_i) \sim N(0, \sigma^2 \boldsymbol{I}_M)$，$M = rp$。利用式（11-37）可得：

$$P(\mathrm{vec}(\boldsymbol{Y}_i) | \mathrm{vec}(\boldsymbol{X}_i)) = \frac{1}{(2\pi)^{M/2}\sigma^M} \exp\left(-\frac{1}{2\sigma^2} \| \mathrm{vec}(\boldsymbol{Y}_i) - \boldsymbol{U}_i \mathrm{vec}(\boldsymbol{X}_i) \|_2^2\right) \tag{11-39}$$

矩阵的迹和向量化函数 $\mathrm{vec}(\cdot)$ 之间存在如下关系：

$$\begin{aligned} &\mathrm{tr}\left[\boldsymbol{S}_j^{-1}(\boldsymbol{X}_i - \boldsymbol{M}_j)^{\mathrm{T}}\boldsymbol{\Omega}_j^{-1}(\boldsymbol{X}_i - \boldsymbol{M}_j)\right] \\ &= \mathrm{vec}(\boldsymbol{X}_i - \boldsymbol{M}_j)^{\mathrm{T}}(\boldsymbol{S}_j \otimes \boldsymbol{\Omega}_j)^{-1}\mathrm{vec}(\boldsymbol{X}_i - \boldsymbol{M}_j) \end{aligned} \tag{11-40}$$

利用贝叶斯定理和式(11-40)，可以通过最大化对数后验概率 $\ln P(\mathrm{vec}(\boldsymbol{X}_i) | \mathrm{vec}(\boldsymbol{Y}_i), \boldsymbol{M}_j, \boldsymbol{\Omega}_j, \boldsymbol{S}_j)$ 来估计原始图像块 $\boldsymbol{X}_i$：

$$\begin{aligned} (\hat{\boldsymbol{X}}_i, j_i) &= \arg\max_{\boldsymbol{X}_i, j} \ln P(\mathrm{vec}(\boldsymbol{X}_i) | \mathrm{vec}(\boldsymbol{Y}_i), \boldsymbol{M}_j, \boldsymbol{\Omega}_j, \boldsymbol{S}_j) \\ &= \arg\max_{\boldsymbol{X}_i, j} \left(\ln P(\mathrm{vec}(\boldsymbol{Y}_i) | \mathrm{vec}(\boldsymbol{X}_i)) + \ln P(\boldsymbol{X}_i | \boldsymbol{M}_j, \boldsymbol{\Omega}_j, \boldsymbol{S}_j)\right) \\ &= \arg\min_{\boldsymbol{X}_i, j} L \end{aligned} \tag{11-41}$$

其中：

$$\begin{aligned} L = &\| \mathrm{vec}(\boldsymbol{Y}_i) - \boldsymbol{U}_i \mathrm{vec}(\boldsymbol{X}_i) \|_2^2 + p\sigma^2 \ln |\boldsymbol{\Omega}_j| + r\sigma^2 \ln |\boldsymbol{S}_j| \\ &+ \sigma^2 \mathrm{vec}(\boldsymbol{X}_i - \boldsymbol{M}_j)^{\mathrm{T}}(\boldsymbol{S}_j \otimes \boldsymbol{\Omega}_j)^{-1}\mathrm{vec}(\boldsymbol{X}_i - \boldsymbol{M}_j) \end{aligned} \tag{11-42}$$

在式（11-42）中，第一项表示向量 $\mathrm{vec}(\boldsymbol{Y}_i)$ 和 $\boldsymbol{U}_i \mathrm{vec}(\boldsymbol{X}_i)$ 之间的相似程度，其他项表示图像的先验信息，即正则化项；r 和 p 分别为图像块 $\boldsymbol{X}_i$ 的行和列尺寸。正则化项假设原始图像块服从 MMND，且每一个图像块独立抽样于 MMND 的某一个分量。

根据前面的分析以及式（11-42）所示的目标函数，从退化图像块 $\{\boldsymbol{Y}_i\}_{i=1}^{I}$ 估计原始图像块 $\{\boldsymbol{X}_i\}_{i=1}^{I}$ 可以细分为如下的子问题：

① 假设混合矩阵正态分布的 K 个分量参数集合 $\{\boldsymbol{M}_j,\boldsymbol{\Omega}_j,\boldsymbol{S}_j\}_{j=1}^K$。

② 确定产生原始图像块 $\boldsymbol{X}_i\,(1\leqslant i\leqslant I)$ 的那个矩阵正态分量[1]标号 j_i。

③ 利用相应的矩阵正态分量参数集合 $\{\boldsymbol{M}_{j_i},\boldsymbol{\Omega}_{j_i},\boldsymbol{S}_{j_i}\}$ 和退化图像块 $\boldsymbol{Y}_i\,(1\leqslant i\leqslant I)$ 估计原始图像块 $\boldsymbol{X}_i$。

2．优化算法

为了估计原始图像块，可以通过 EM 算法来优化式（11-42）中的目标函数 L，从而得到一个局部最小值[31]。

（1）E 步：原始图像块估计和模型选择。

在 E 步中，假设已知混合矩阵正态分布的参数集合 $\{\hat{\boldsymbol{M}}_j,\hat{\boldsymbol{\Omega}}_j,\hat{\boldsymbol{S}}_j\}_{j=1}^K$。对于每一个图像块，通过最小化式（11-42）中的目标函数 L，计算每一个矩阵正态分量所产生的原始图像块估计，从中选择最有可能产生该图像块的矩阵正态分量（标号 j_i），进而最终计算原始图像块的估计 $\hat{\boldsymbol{X}}_i=\hat{\boldsymbol{X}}_i^{j_i}$。

① 对于每一个矩阵正态分量，关于向量 $\mathrm{vec}(\boldsymbol{X}_i)$ 最小化式（11-42），即令 $\partial L/\partial\mathrm{vec}(\boldsymbol{X}_i)=0$，经过计算可以得到原始图像块估计式：

$$\mathrm{vec}(\hat{\boldsymbol{X}}_i^j)=(\boldsymbol{U}_i^{\mathrm{T}}\boldsymbol{U}_i+\sigma^2(\hat{\boldsymbol{S}}_j\otimes\hat{\boldsymbol{\Omega}}_j)^{-1})^{-1}(\boldsymbol{U}_i^{\mathrm{T}}\mathrm{vec}(\boldsymbol{Y}_i)+\sigma^2(\hat{\boldsymbol{S}}_j\otimes\hat{\boldsymbol{\Omega}}_j)^{-1}\mathrm{vec}(\hat{\boldsymbol{M}}_j)) \tag{11-43}$$

由于 $\boldsymbol{U}_i^{\mathrm{T}}\boldsymbol{U}_i$ 是半正定的，那么若 $\hat{\boldsymbol{S}}_j\otimes\hat{\boldsymbol{\Omega}}_j$ 是满秩的，则 $\boldsymbol{U}_i^{\mathrm{T}}\boldsymbol{U}_i+\sigma^2(\hat{\boldsymbol{S}}_j\otimes\hat{\boldsymbol{\Omega}}_j)^{-1}$ 是正定的，因此其相应的逆矩阵存在。

② 根据最小化式（11-42）得到的估计 $\hat{\boldsymbol{X}}_i^j$，可以利用式（11-44）确定在所有的矩阵正态分量中产生最大后验概率估计的那个矩阵正态分量的标号 j_i：

$$j_i=\arg\min_j\left(\begin{array}{l}\|\mathrm{vec}(\boldsymbol{Y}_i)-\boldsymbol{U}_i\mathrm{vec}(\hat{\boldsymbol{X}}_i^j)\|_2^2+p\sigma^2\ln|\hat{\boldsymbol{\Omega}}_j|+r\sigma^2\ln|\hat{\boldsymbol{S}}_j|\\+\sigma^2\mathrm{tr}\left[\hat{\boldsymbol{S}}_j^{-1}(\hat{\boldsymbol{X}}_i^j-\hat{\boldsymbol{M}}_j)^{\mathrm{T}}\hat{\boldsymbol{\Omega}}_j^{-1}(\hat{\boldsymbol{X}}_i^j-\hat{\boldsymbol{M}}_j)\right]\end{array}\right) \tag{11-44}$$

③ 将利用式（11-44）得到的 j_i 代入式（11-43），可得到最终的原始图像块估计：

$$\hat{\boldsymbol{X}}_i=\hat{\boldsymbol{X}}_i^{j_i} \tag{11-45}$$

（2）M 步：模型参数估计。

在 M 步中，对于每一个图像块，假设已知原始图像块估计 $\hat{\boldsymbol{X}}_i$ 和产生该图像块的矩阵正态分量。目标是估计混合矩阵正态分布的参数集合 $\{\hat{\boldsymbol{M}}_j,\hat{\boldsymbol{\Omega}}_j,\hat{\boldsymbol{S}}_j\}_{j=1}^K$。

令 ℓ_j 为所有分配到第 j 个矩阵正态分量的图像块下标的集合，即

1 矩阵正态分量为混合矩阵正态分布中的分量。

$\ell_j = \{i \mid j_i = j\}$，令$|\ell_j|$表示它的势。利用所有分配到第 j 个矩阵正态分量的图像块，根据最大似然估计（MLE），估计该矩阵正态分量的参数：

$$(\hat{\boldsymbol{M}}_j, \hat{\boldsymbol{\Omega}}_j, \hat{\boldsymbol{S}}_j) = \arg\max_{\boldsymbol{M}_j, \boldsymbol{\Omega}_j, \boldsymbol{S}_j} \ln P(\{\hat{\boldsymbol{X}}_i\}_{i\in\ell_j} \mid \boldsymbol{M}_j, \boldsymbol{\Omega}_j, \boldsymbol{S}_j) \tag{11-46}$$

该矩阵正态分量各参数的 MLE 结果为

$$\hat{\boldsymbol{M}}_j = \frac{1}{|\ell_j|}\sum_{i\in\ell_j} \hat{\boldsymbol{X}}_i \tag{11-47}$$

$$\hat{\boldsymbol{\Omega}}_j = \frac{1}{|\ell_j|\,p}\sum_{i\in\ell_j}[(\hat{\boldsymbol{X}}_i - \hat{\boldsymbol{M}}_j)\hat{\boldsymbol{S}}_j^{-1}(\hat{\boldsymbol{X}}_i - \hat{\boldsymbol{M}}_j)^{\mathrm{T}}] \tag{11-48}$$

$$\hat{\boldsymbol{S}}_j = \frac{1}{|\ell_j|\,r}\sum_{i\in\ell_j}[(\hat{\boldsymbol{X}}_i - \hat{\boldsymbol{M}}_j)^{\mathrm{T}}\hat{\boldsymbol{\Omega}}_j^{-1}(\hat{\boldsymbol{X}}_i - \hat{\boldsymbol{M}}_j)] \tag{11-49}$$

利用 flip-flop 算法可以有效地迭代式（11-48）和式（11-49）直至收敛[37]。由于对于任意的$\alpha > 0$，有

$$\boldsymbol{S} \otimes \boldsymbol{\Omega} = (\alpha \boldsymbol{S}) \otimes \left(\frac{1}{\alpha}\boldsymbol{\Omega}\right) \tag{11-50}$$

若$(\boldsymbol{\Omega}, \boldsymbol{S})$是行协方差矩阵和列协方差矩阵的一个最大似然估计，根据式（11-50），$\left(\alpha\boldsymbol{\Omega}, \frac{1}{\alpha}\boldsymbol{S}\right)$也是一个最大似然估计。由于$\boldsymbol{\Omega}$和$\boldsymbol{S}$是不确定的，所以最大对数似然函数的解是不唯一的。不过，Kronecker 乘积$\boldsymbol{S} \otimes \boldsymbol{\Omega}$是确定和唯一的。

对于小样本问题，实际的样本行、列协方差矩阵估计可能是奇异的。正则化是解决该问题的一种方法。我们使用如下的正则化方法：

$$\hat{\boldsymbol{\Omega}}_j = \hat{\boldsymbol{\Omega}}_j + \lambda \boldsymbol{I}_r \tag{11-51}$$

$$\hat{\boldsymbol{S}}_j = \hat{\boldsymbol{S}}_j + \lambda \boldsymbol{I}_p \tag{11-52}$$

式中，λ是取值为常数的正则化参数。加上正则化项，能够保证$\hat{\boldsymbol{S}}_j \otimes \hat{\boldsymbol{\Omega}}_j$是满秩的，从而使得矩阵$\boldsymbol{U}_i^{\mathrm{T}}\boldsymbol{U}_i + \sigma^2(\hat{\boldsymbol{S}}_j \otimes \hat{\boldsymbol{\Omega}}_j)^{-1}$的逆矩阵存在。

3．基于 MMND 的图像复原算法流程

根据前面的叙述和分析，基于 MMND 的图像复原算法流程如算法 11-2 所示。通过分析可以得到基于 MMND 的图像复原算法的复杂度是$O(TKN^3/3)$，其中T表示迭代的总次数。

算法 11-2　基于 MMND 的图像复原算法
输入：退化图像 $\boldsymbol{Y}$。 输出：估计的原始图像 $\hat{\boldsymbol{X}}$。

图像预处理：将退化图像 $\boldsymbol{Y}$ 分解成图像块 $\{\boldsymbol{Y}_i\}_{i=1}^{I}$。

初始化：令混合矩阵正态分布参数集合 $\{\hat{\boldsymbol{M}}_j,\hat{\boldsymbol{\Omega}}_j,\hat{\boldsymbol{S}}_j\}_{j=1}^{K}$ 取某一初值。

重复以下操作 T 次。

E 步：已知混合矩阵正态分布参数集合 $\{\hat{\boldsymbol{M}}_j,\hat{\boldsymbol{\Omega}}_j,\hat{\boldsymbol{S}}_j\}_{j=1}^{K}$，对于每一个图像块进行以下 3 步操作。

① 对于每一个矩阵正态分量（标号 j，$j\in[1,K]$），利用式（11-43）计算 $\hat{\boldsymbol{X}}_i^j$。

② 利用式（11-44）确定产生图像块 $\hat{\boldsymbol{X}}_i$ 的矩阵正态分量标号 j_i。

③ 将 j_i 代入式（11-43）计算得到最终的图像块估计 $\hat{\boldsymbol{X}}_i$。

M 步：给定图像块估计 $\hat{\boldsymbol{X}}_i$ 和相应的产生该图像块的矩阵正态分量标号 $j_i\,(1\leqslant i\leqslant I)$，并进行以下 2 步操作。

① 利用式（11-47）估计混合矩阵正态分布的均值参数 $\{\hat{\boldsymbol{M}}_j\}_{j=1}^{K}$。

② 利用 flip-flop 算法估计混合矩阵正态分布的协方差矩阵参数 $\{\hat{\boldsymbol{\Omega}}_j,\hat{\boldsymbol{S}}_j\}_{j=1}^{K}$。

合成和平均：将估计的图像块 $\{\hat{\boldsymbol{X}}_i\}_{i=1}^{I}$ 进行合成和平均，得到估计的原始图像。

Flip-flop 算法计算了行、列协方差矩阵的最大似然估计。如式（11-48）和式（11-49）所示，由于行、列协方差矩阵估计相互包含，在每一次迭代中，行、列协方差矩阵交替更新：利用行协方差矩阵的最新估计值更新列协方差矩阵，再利用列协方差矩阵的最新估计值更新行协方差矩阵。Flip-flop 算法的过程如算法 11-3 所示。

算法 11-3　Flip-flop 算法

输入：属于同一个矩阵正态分量的原始图像块估计。

输出：该矩阵正态分量的行和列协方差矩阵估计。

初始化：令行协方差矩阵的初始值为

$$\boldsymbol{\Omega}_0=\frac{1}{np}\sum_{i=1}^{n}[(\hat{\boldsymbol{X}}_i-\hat{\boldsymbol{M}})(\hat{\boldsymbol{X}}_i-\hat{\boldsymbol{M}})^{\mathrm{T}}]$$

其中，n 是分配到当前矩阵正态分量下的图像块的总数。令 $\boldsymbol{\Omega}^*=\boldsymbol{\Omega}_0$。

重复以下步骤直到收敛：

① 计算列协方差矩阵：$\boldsymbol{S}=\dfrac{1}{nr}\sum_{i=1}^{n}[(\hat{\boldsymbol{X}}_i-\hat{\boldsymbol{M}})^{\mathrm{T}}\boldsymbol{\Omega}^{*-1}(\hat{\boldsymbol{X}}_i-\hat{\boldsymbol{M}})]$

② 计算行协方差矩阵：$\boldsymbol{\Omega}=\dfrac{1}{np}\sum_{i=1}^{n}[(\hat{\boldsymbol{X}}_i-\hat{\boldsymbol{M}})\boldsymbol{S}^{-1}(\hat{\boldsymbol{X}}_i-\hat{\boldsymbol{M}})^{\mathrm{T}}]$

③ 令 $\boldsymbol{\Omega}^*=\boldsymbol{\Omega}$。

4．稀疏性解释

不失一般性地假设混合矩阵正态分布的均值矩阵为零矩阵，即 $\boldsymbol{M}_j=0$。这可以通过减去均值矩阵得到。

对于混合矩阵正态分布，存在 $\mathrm{vec}(\boldsymbol{X}_i)\mathrm{vec}(\boldsymbol{X}_i)^{\mathrm{T}}=\boldsymbol{S}_j\otimes\boldsymbol{\Omega}_j$。对角化行协方差矩阵使得 $\boldsymbol{\Omega}_j=\boldsymbol{F}_j\boldsymbol{B}_j\boldsymbol{F}_j^{\mathrm{T}}$，其中 $\boldsymbol{F}_j$ 是 PCA 基构成的矩阵，满足 $\boldsymbol{F}_j\boldsymbol{F}_j^{\mathrm{T}}=\boldsymbol{I}$，$\boldsymbol{F}_j$ 的每一列表示一个主方向。$\boldsymbol{B}_j=\mathrm{diag}(\lambda_1^j,\cdots,\lambda_r^j)$ 是一个对角矩阵，其对角线元素是排序后的特征值，满足 $\lambda_1^j\geqslant\lambda_2^j\geqslant\cdots\geqslant\lambda_r^j>0$。对角化列协方差矩阵使得 $\boldsymbol{S}_j=\boldsymbol{V}_j\boldsymbol{C}_j\boldsymbol{V}_j^{\mathrm{T}}$，其中 $\boldsymbol{V}_j$ 是 PCA 基构成的矩阵，满足 $\boldsymbol{V}_j\boldsymbol{V}_j^{\mathrm{T}}=\boldsymbol{I}$，$\boldsymbol{V}_j$ 的每一列表示一个主方向。$\boldsymbol{C}_j=\mathrm{diag}(\xi_1^j,\cdots,\zeta_p^j)$ 是一个对角矩阵，其对角线元素是排序后的特征值，满足 $\xi_1^j\geqslant\xi_2^j\geqslant\cdots\geqslant\xi_p^j>0$。

根据 11.4.1 节的性质 1，$\boldsymbol{V}_j\otimes\boldsymbol{F}_j$ 是 $\boldsymbol{S}_j\otimes\boldsymbol{\Omega}_j$ 的 PCA 基矩阵。将向量 $\mathrm{vec}(\boldsymbol{X}_i)$ 从基本基（Canonical Basis）变换到 PCA 基，有 $\mathrm{vec}(\boldsymbol{Q}_i)=(\boldsymbol{V}_j\otimes\boldsymbol{F}_j)^{\mathrm{T}}\mathrm{vec}(\boldsymbol{X}_i)$，$\boldsymbol{Q}_i$ 是 $\boldsymbol{X}_i$ 在 PAC 基下的矩阵表示，于是式（11-43）等价于

$$\mathrm{vec}(\boldsymbol{X}_i)=(\boldsymbol{V}_j\otimes\boldsymbol{F}_j)\mathrm{vec}(\boldsymbol{Q}_i)\text{ 或 }\boldsymbol{X}_i=\boldsymbol{F}_j\boldsymbol{Q}_i\boldsymbol{V}_j^{\mathrm{T}} \tag{11-53}$$

经过一些代数计算，$\boldsymbol{Q}_i$ 的最大后验概率估计如式（11-54）所示：

$$\boldsymbol{Q}_i^j=\arg\min_{\boldsymbol{Q}_i}\left(\|\mathrm{vec}(\boldsymbol{Y}_i)-\boldsymbol{U}_i(\boldsymbol{V}_j\otimes\boldsymbol{F}_j)\mathrm{vec}(\boldsymbol{Q}_i)\|_2^2+\sigma^2\sum_{l=1}^{r}\sum_{k=1}^{p}\frac{\boldsymbol{Q}_i(l,k)^2}{\lambda_l^j\mu_k^j}\right) \tag{11-54}$$

在基于稀疏表示模型的反问题估计中，原始图像的先验模型是稀疏表示模型，假设对于任意的图像块，存在字典 $\boldsymbol{D}$ 中的原子的稀疏线性组合能够很好地逼近该图像块，则图像块 $\boldsymbol{X}_i$ 的稀疏估计为

$$\mathrm{vec}(\boldsymbol{X}_i)=\boldsymbol{D}\boldsymbol{\alpha}_i \tag{11-55}$$

其中，$\boldsymbol{D}$ 是字典，$\boldsymbol{\alpha}_i$ 是稀疏系数。稀疏系数 $\boldsymbol{\alpha}_i$ 计算如下：

$$\hat{\boldsymbol{\alpha}}_i=\arg\min_{\boldsymbol{\alpha}_i}(\|\mathrm{vec}(\boldsymbol{Y}_i)-\boldsymbol{U}_i\boldsymbol{D}\boldsymbol{\alpha}_i\|_2^2+\lambda\|\boldsymbol{\alpha}_i\|_1) \tag{11-56}$$

图 11-10 描述了传统稀疏表示模型和基于 MMND 的图像复原算法中的字典。图 11-10（a）表示传统稀疏表示模型中的冗余字典，每一列表示字典中的一个原子。在这种非线性估计中，原子组合具有完全自由度。图 11-10（b）表示基于 MMND 的图像复原算法中的字典。字典由一组 PCA 基矩阵组成。对于每一个图像块，在每一个 PCA 基矩阵中计算它的线性估计，并从中选择最好的一个作为最终估计。

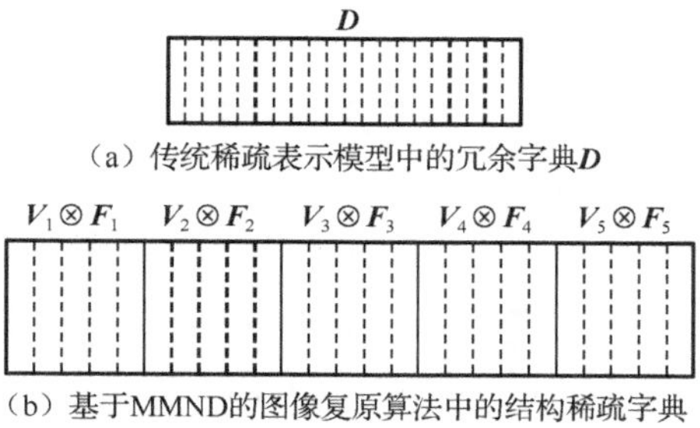

图 11-10　传统稀疏表示模型和基于 MMND 的图像复原算法中的字典

比较式（11-54）和式（11-56）以及图 11-10 可以发现，最大后验概率估计可以解释为结构稀疏估计。与传统的稀疏表示模型一样，基于 MMND 的图像复原算法也具有冗余字典。字典由一组 PCA 基矩阵组成，并且字典在不断更新，从而更好地适应要修复的图像，更新对应基于 MMND 的图像复原算法中的 M 步——对模型参数进行估计，即等价于不断更新 PCA 基矩阵。与传统稀疏表示模型相比，基于 MMND 的图像复原算法中的字典更具有结构性，且字典中原子选择的自由度很小，等于 PCA 基矩阵的总个数，而传统稀疏表示模型在原子选择上具有完全的自由度。相对于式（11-56）中的 l_1 范数正则化项，式（11-54）中的正则化项是 l_2 范数，权重是行、列协方差矩阵的特征值乘积的倒数。这些特征值由属于同一个矩阵正态分量的所有图像块计算，对于处理小样本反问题，这样得到的估计更加稳定。

11.4.3　实验及结果

为了验证基于 MMND 的图像复原算法的性能，我们在两个数据集上进行了验证，这两个数据集分别为多光谱图像数据集和彩色图像数据集。对于图像复原问题，实验中的退化图像利用如下方法产生：原始图像 $\boldsymbol{X}$ 经过随机掩模覆盖得到退化图像 $\boldsymbol{Y}$，即 $\mathrm{vec}(\boldsymbol{Y})=\boldsymbol{U}\mathrm{vec}(\boldsymbol{X})$，其中 $\boldsymbol{U}$ 是对角矩阵，其对角线元素随机取值为 1 或 0，从而保留对应原像素的值或使原像素的值为 0。

1. 初始化

在基于 MMND 的图像复原算法中，由于原始图像估计和模型选择以及模型参数估计是采用 EM 算法进行优化的，而初始值的选择对于 EM 算法的优化结果有重要影响，因此混合矩阵正态分布的参数集合 $\{\boldsymbol{M}_j,\boldsymbol{\Omega}_j,\boldsymbol{S}_j\}_{j=1}^{K}$ 的初始化对于基于 MMND 的图像复原算法的性能来说非常重要。为了能比较公平地与基于 GMM 的图像复原算法进行比较，本章中混合矩阵正态分布的初始化采用和 GMM 相同的初始化技术[32]。

在混合矩阵正态分布中，所有分量的均值矩阵初始化为零矩阵，所有分量的行协方差矩阵初始化为单位矩阵。矩阵正态分量的列协方差矩阵利用大小为 $p \times p$ 的合成边图像块通过 PCA 得到。

混合矩阵正态分布的列协方差矩阵初始化步骤如算法 11-4 所示。图 11-11 给出了一个在 60° 方向上的合成黑白图像和部分边图像块的例子，合成黑白图像如图 11-11（a）所示，图 11-11（b）显示了该方向上的部分边图像块。图 11-12 给出了 18 个方向上（从 0° 到 170°，步长为 10°）、大小为 8×8 的局部边图像块计算出的 PCA 基矩阵。在图 11-12 中，列对应方向（共 18 个方向），行显示了每一个方向上 PCA 基矩阵中的前 8 个最大的特征值对应的特征向量，该图中的第 7 列对应由图 11-11 中的边图像块计算得到的构成 PCA 基矩阵的部分特征向量。

算法 11-4　混合矩阵正态分布的列协方差矩阵的初始化

对于每一个混合矩阵正态分布的分量，从（0，π）中随机选择一个角度，共选择 K 个角度。

对于每个角度 θ，计算一个 PCA 基矩阵，利用相同方向的合成黑白图像来计算。计算方法如下。

① 生成一个黑白图像：以图像的对称中心为原点，以角度 θ 为斜率过原点的直线为界，位于直线上方的图像点为黑，下方的为白。

② 对该合成图像分块，位于边上的图像块 $\boldsymbol{X}_i$ $(i \in \ell_k,\ k \in [1,k])$ 用来计算 PCA 基矩阵。

a．计算位于边上的图像块 $\boldsymbol{X}_i$ 的均值矩阵和协方差矩阵：令 $\boldsymbol{f}_i = \mathrm{vec}(\boldsymbol{X}_i)$

$$\boldsymbol{\mu}_k = \frac{1}{|\ell_k|}\sum_{i\in\ell_k}\boldsymbol{f}_i \text{ 和 } \boldsymbol{\Sigma}_k = \frac{1}{|\ell_k|}\sum_{i\in\ell_k}(\boldsymbol{f}_i - \boldsymbol{\mu}_k)(\boldsymbol{f}_i - \boldsymbol{\mu}_k)^{\mathrm{T}}$$

b．将协方差矩阵 $\boldsymbol{\Sigma}_k$ 进行 PCA 分解：$\boldsymbol{\Sigma}_k = \boldsymbol{B}_k\boldsymbol{D}_k\boldsymbol{B}_k^{\mathrm{T}}$，$\boldsymbol{B}_k\boldsymbol{B}_k^{\mathrm{T}} = \boldsymbol{I}$。

c．将 $\boldsymbol{B}_k$ 中的第一个原子用 DC（所有元素都相等的原子）代替，其他原子利用 Gram-Schmidt 正交化过程来得到，保证原子之间的正交性，以得到正交矩阵 $\boldsymbol{C}_k$，即为 PCA 基矩阵。

将所有的位于边上的图像块下标组成的集合记为 $\ell = \bigcup_{k=1}^{K}\ell_k$。

① 计算所有图像块的均值矩阵和协方差矩阵：

$$\boldsymbol{\mu} = \frac{1}{|\ell|}\sum_{i\in\ell}\boldsymbol{f}_i \text{ 和 } \boldsymbol{\Sigma} = \frac{1}{|\ell|}\sum_{i\in\ell}(\boldsymbol{f}_i - \boldsymbol{\mu})(\boldsymbol{f}_i - \boldsymbol{\mu})^{\mathrm{T}}$$

② 将协方差矩阵 $\boldsymbol{\Sigma}$ 进行 PCA 分解：$\boldsymbol{\Sigma} = \boldsymbol{BDB}^{\mathrm{T}}$，$\boldsymbol{BB}^{\mathrm{T}} = \boldsymbol{I}$。

初始化列协方差矩阵：$\boldsymbol{S}_k = \boldsymbol{C}_k\boldsymbol{D}\boldsymbol{C}_k^{\mathrm{T}}$。

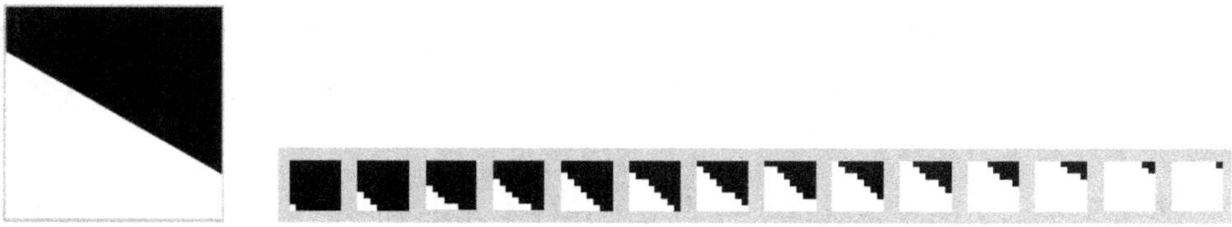

（a）黑白图像　　　　　　　　　　　　（b）部分边图像块

图 11-11　在 60° 方向上的合成黑白图像和部分边图像块的例子

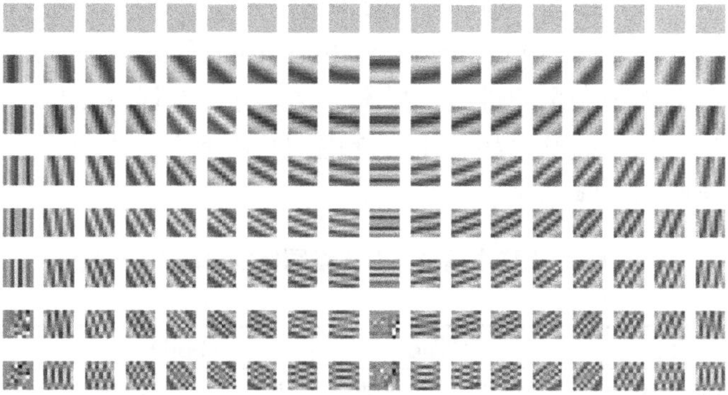

图 11-12　不同方向的 PCA 基矩阵

在后面的实验中，混合矩阵正态分布的分量个数 K 设置为 19，包括 18 个 PCA 基矩阵（每隔 10° 选取一个方向）和一个 DCT（离散余弦变换）基矩阵，DCT 基矩阵用来捕捉各向同性的图像模式。

2. 多光谱图像复原

本节中的实验数据集之一是被称为Urban的现实中真实的多光谱图像数据集。该数据集是利用 Hyperspectral Digital Collection Experiment（HyDICE）传感器在得克萨斯州科普拉斯湾上空采集得到的。图像尺寸大小为 307×307，由 210 个光谱通道组成，光谱范围为 400～2500nm，光谱分辨率为 10nm。移除低 SNR（Signal to Noise Ratio）通道，剩余 162 通道。为了比较算法在不同通道的多光谱图像上的性能，通过均匀选择通道，形成了 4 个下采样的数据集，大小分别为 150×150×3、150×150×5、150×150×10 和 150×150×15。利用均匀随机掩码，得到分别保留 80%、60%、40%、20%、10% 和 5%原始像素的退化图像。

分别利用基于 MMND 的图像复原算法和基于 GMM 的图像复原算法来修复这些退化图像。图像块数据集的大小为 $6\times6\times l$，其中 l=3, 5, 10, 15。在基于 GMM 的图像复原算法中，将大小为 $6\times6\times l$ 的图像块数据集转换成维数为 $36l$ 的向量；协方差矩阵正则化参数 λ 设置为 30。在基于 MMND 的图像复原算法中，将大小为 $6\times6\times l$

的图像块数据集通过模-3 矩阵展开转换成大小为 $l\times36$ 的矩阵；行和列协方差矩阵正则化参数 λ 设置为 3。在这两种算法中，噪声标准差 σ 设置为 0.1，算法最大迭代次数设置为 5。

本实验考虑了两种情况：小样本情形和样本充足情形。第一种情况，通道数为 3、5、10 和 15，图像分块步长为 3，得到总的图像块数为 2401，在这种分块方式下，混合矩阵正态分布的每一个分量所能获得的平均样本数少于或等于变量的维数，是小样本情形。第二种情况，通道数为 3 和 5，图像分块步长为 1，得到总的图像块数为 21025，在这种分块方式下，混合矩阵正态分布的每一个分量所能获得的平均样本数远大于变量的维数，样本非常充分，是样本充足情形。

小样本情形下的实验结果如表 11-2 和图 11-13 所示，样本充足情形下的实验结果如表 11-3 和图 11-14 所示。

表 11-2　小样本情形下多光谱图像复原的 PSNR 值

单位：dB

保留的像素比例	3 通道		5 通道		10 通道		15 通道	
	MMND	GMM	MMND	GMM	MMND	GMM	MMND	GMM
80%	**35.05**	34.48	**40.12**	38.07	**47.57**	42.64	**50.82**	44.54
60%	**30.25**	29.88	**34.39**	32.79	**41.22**	37.21	**45.01**	38.87
40%	**26.22**	26.02	**29.50**	28.38	**35.74**	31.98	**39.19**	33.36
20%	**22.15**	21.96	**23.82**	23.49	**27.79**	25.08	**30.39**	25.63
10%	19.93	**20.01**	20.84	**20.96**	**21.96**	21.53	**22.47**	21.17
5%	**18.78**	18.68	**19.56**	19.52	**20.06**	19.91	**19.76**	19.47

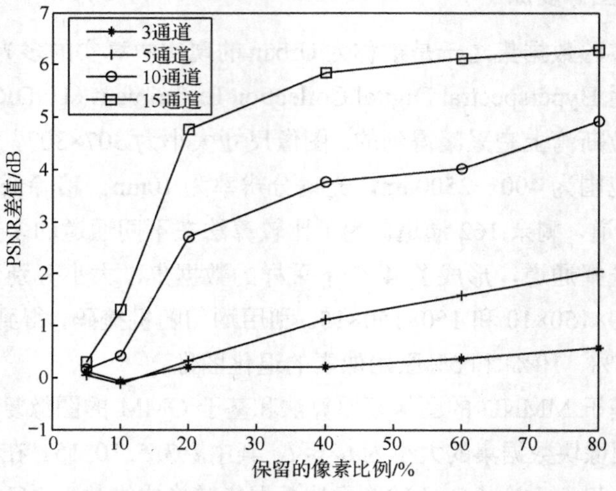

图 11-13　小样本情形下基于 MMND 的图像复原算法和基于 GMM 的图像复原算法在多光谱图像上得到的 PSNR 差值

表 11-3　样本充足情形下多光谱图像复原的 PSNR 值

单位：dB

保留的像素比例	3 通道		5 通道	
	MMND	GMM	MMND	GMM
80%	**35.99**	35.62	**40.98**	39.34
60%	**31.34**	30.89	**35.49**	34.12
40%	**27.65**	27.27	**30.92**	29.95
20%	23.34	**23.36**	25.19	**25.39**
10%	20.98	**21.16**	21.86	**22.60**
5%	19.63	**19.75**	20.29	**20.99**

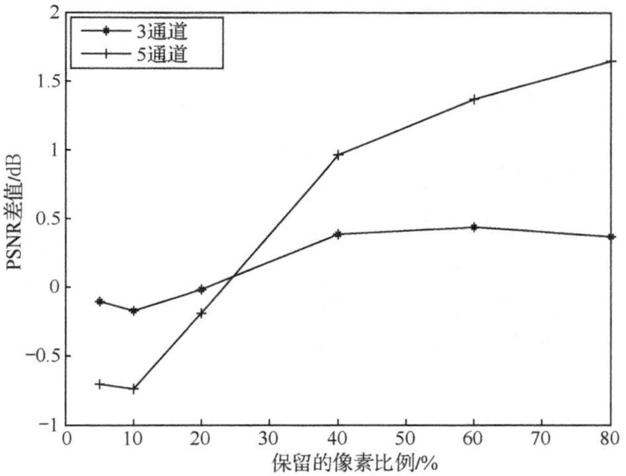

图 11-14　样本充足情形下基于 MMND 的图像复原算法和基于 GMM 的图像复原算法在多光谱图像上的 PSNR 差值

对于小样本情形，从表 11-2 中可以看出，在保留的像素比例为 10%且通道数为 3 和 5 的情况下，基于 GMM 的图像复原算法性能稍好于基于 MMND 的图像复原算法；在其他情况下，基于 MMND 的图像复原算法性能都优于基于 GMM 的图像复原算法。从图 11-13 中可以看出，对于固定的保留像素比例，通道数越多，基于 MMND 的图像复原算法和基于 GMM 的图像复原算法得到的 PSNR 差值越大。特别对于高的保留像素比例，如 80%，两者的 PSNR 差值达到 6dB。

对于样本充足情形，从表 11-3 中可以看出，当保留的像素比例为 80%、60% 和 40%时，基于 MMND 的图像复原算法好于基于 GMM 的图像复原算法；当保留的像素比例小于等于 20%时，基于 GMM 的图像复原算法好于基于 MMND 的图像复原算法。从图 11-14 中可以看出，对于固定的保留像素比例，通道数越多，基于

MMND 的图像复原算法和基于 GMM 的图像复原算法得到的 PSNR 差值的绝对值越大。

3．彩色图像复原

为了与目前较流行的算法进行比较，我们在 Berkeley 分割数据集（Berkeley segmentation database）[38]上进行实验，使用的图像如图 11-15 所示。图像的尺寸大小为 481×321，3 通道，利用均匀随机掩码，得到分别保留 80%、50%、30%和 20%原始像素的退化图像。在彩色图像复原问题上，目前较流行的算法包括基于 GMM 的图像复原算法和基于 BP（Beta Process）的图像复原算法[39]。基于 BP 的算法是利用非参数的 Bayesian 字典学习模型对图像进行修复的。据我们所知，在目前的图像复原算法中，基于 GMM 和基于 BP 的图像复原算法能在该数据集上产生最好的修复结果。

（a）castle　（b）mushroom　（c）horses　（d）train　（e）kangaroo

图 11-15　图像复原中所使用的彩色图像

在基于 GMM 的图像复原算法中，图像块数据集的大小为 6×6×3，被转换为维数为 108 的向量；协方差矩阵正则化参数 λ 设置为 30。在基于 MMND 的图像复原算法中，图像块数据集的大小为 6×6×3，通过模-3 矩阵展开被转换为大小为 3×36 的矩阵；行和列协方差矩阵正则化参数 λ 设置为 3。在这两种算法中，图像块分块步长设置为 1，噪声标准差 σ 设置为 0.1，算法最大迭代次数设置为 5。实验结果如表 11-4 所示。

表 11-4　彩色图像复原的 PSNR 值

单位：dB

图　像	保留的像素比例	BP	GMM	MMND
castle	80%	41.51	47.03	49.66
	50%	36.45	37.18	38.07
	30%	32.02	32.34	32.53
	20%	29.12	29.11	28.79

续表

图　　像	保留的像素比例	BP	GMM	MMND
mushroom	80%	42.56	47.97	52.19
	50%	38.88	39.29	41.34
	30%	34.63	34.55	35.52
	20%	31.56	31.28	30.72
horses	80%	41.97	47.88	50.22
	50%	37.27	37.48	38.29
	30%	32.52	32.41	32.74
	20%	29.99	29.45	28.92
train	80%	40.73	44.01	43.97
	50%	32.00	32.59	32.69
	30%	27.00	27.05	27.15
	20%	24.59	24.05	24.01
kangaroo	80%	42.74	46.97	49.48
	50%	37.34	36.89	38.19
	30%	32.21	31.73	32.39
	20%	29.59	28.94	28.49
平均值	80%	41.90	46.77	**49.11**
	50%	36.39	36.69	**37.72**
	30%	31.68	31.62	**32.07**
	20%	**28.97**	28.57	28.19

从表 11-4 中可以看出，当保留的像素比例为 20%时，基于 MMND 的图像复原算法的性能是三种算法中最差的；而当保留的像素比例大于 20%时，基于 MMND 的图像复原算法的性能是三种算法中最好的。对于基于 GMM 的图像复原算法和基于 BP 的图像复原算法，当保留像素比例为 80%和 50%时，基于 GMM 的图像复原算法要好于基于 BP 的图像复原算法；而当保留像素比例为 30%和 20%时，基于 BP 的图像复原算法要好于基于 GMM 的图像复原算法。

4．结果讨论

我们主要对基于 MMND 的图像复原算法和基于 GMM 的图像复原算法这两种算法进行比较分析。

对于小样本情形，基于 MMND 的图像复原算法比基于 GMM 的图像复原算法更适合于处理该类问题。如表 11-2 和图 11-13 所示，通道数越多，这两种复原算法得到的 PSNR 的差值越大。原因有两个方面：一方面，MMND 中行和列协方差矩阵的参数要远小于 GMM 中协方差矩阵的参数，这样会降低小样本情形带来的影响；另一方面，通道数越多，不同通道之间的冗余信息就会越多，基于 MMND 的图像复原算法能更好地利用图像的冗余信息，因此随着通道数的增加，两种算法得到的 PSNR 的差值就会越显著。

对于样本充足情形，当保留的像素比例比较高时（大于 20%），基于 MMND 的图像复原算法能够得到更好的结果；而当保留的像素比例较低时（小于或等于 20%），基于 GMM 的图像复原算法能得到更好的结果，这些结果如表 11-3 和表 11-4 所示。在基于 MMND 的图像复原算法中，随机变量采取矩阵表示，保留了张量固有的空间结构，从而使得在保留像素比例较高的情形下能够提高算法的性能。然而，在保留像素比例较低的情形下，退化图像将隐藏在张量结构中的信息严重破坏。在基于 GMM 的图像复原算法中，随机变量采用向量表示，向量表示比矩阵表示具有更多的自由度，这会使得基于 GMM 的图像复原算法能够使用更多的相关信息进行图像修复。因此，在这种情形下，基于 GMM 的图像复原算法能够比基于 MMND 的图像复原算法得到更高的 PSNR 值。

11.5　本章小结

本章主要介绍了稀疏表示模型在图像复原领域中的应用，详细介绍了基于 K-SVD 的图像去噪算法和 BM3D 图像去噪算法，同时提出了结合图像隐含结构信息的基于混合矩阵正态分布的图像复原算法。用混合矩阵正态分布作为图像的先验模型，用 EM 算法来优化最大后验概率估计，并给出了该算法和结构稀疏估计之间的数学关系：在 PCA 基下该算法相当于一个结构稀疏表示模型，这种带有结构的学习得到的冗余字典能够稳定稀疏估计。基于 MMND 的图像复原算法的可行性和有效性通过实验得到了验证，在多光谱图像和彩色图像的复原问题上，对于小样本情形和保留像素比例较高的样本充足情形，基于 MMND 的图像复原算法能够得到平均更高的 PSNR 值。

参 考 文 献

[1] Gao H. Wavelet shrinkage denoising using the nonnegative garrote [J]. Journal of Computational and Graphical Statistics, 1998, 7(4), 469–488.

[2] Figueiredo M, Nowak R. Wavelet-based image estimation: An empirical bayes approach using Jeffreys' noninformative prior [J]. IEEE Transactions on Image Processing, 2001, 10(9): 1322–1331.

[3] Bioucas-Dias JM. Bayesian wavelet-based image deconvolution: A GEM algorithm exploiting a class of heavy-tailed priors [J]. IEEE Transactions on Image Processing, 2006, 15(4): 937-951.

[4] Chantas G, Galatsanos N, Likas A, et al. Variational bayesian image restoration based on a product of t-distributions image prior [J]. IEEE Transactions on Image Processing, 2008, 17(10): 1795-1805.

[5] Ring W. Structural properties of solutions to total variation regularization problems [J]. ESAIM: Mathematical Modelling and Numerical Analysis, 2000, 34(4): 799–810.

[6] Zhang X, Burger M, Bresson X, et al. Bregmanized nonlocal regularization for deconvolution and sparse reconstruction [J]. SIAM Journal on Imaging Sciences, 2010, 3(3): 253-276.

[7] Hu Y, Jacob M. Higher degree total variation (HDTV) regularization for image recovery [J]. IEEE Transactions on Image Processing, 2012, 21(5): 2559-2571.

[8] Papafitsoros K, Schonlieb B C. A combined first and second order variational approach for image reconstruction [J]. Journal of Mathematical Imaging and Vision, 2014, 48(2): 308-338.

[9] Elad M, Aharon M. Image denoising via sparse and redundant representations over learned dictionaries [J]. IEEE Transactions On Image Processing, 2006, 15(12): 3736–3745.

[10] Mallat S. A wavelet tour of signal processing: the sparse way, 3rd edition [M]. Academic Press, 2008.

[11] Dong W S, Zhang L, Shi G M, et al. Nonlocal centralized sparse representation for image restoration [J]. IEEE Transactions on Image Processing, 2013, 22(4): 1620-1630.

[12] Sun J, Cao W, Xu Z, et al. Learning a convolutional neural network for non-uniform motion blur removal [C]// Proceedings of the IEEE Conference on Computer Vision and Pattern Recognition, 2015, 769-777.

[13] Xie J Y, Xu L L, Chen E. Image denoising and inpainting with deep neural networks [C]//Advances in Neural information Processing Systems., 2012,

341-349.

[14] Mairal J, Elad M, Sapiro G. Sparse representation for color image restoration [J]. IEEE Transactions on Image Processing, 2008, 17(1): 53-69.

[15] Giryes R, Elad M. Sparsity based poisson denoising with dictionary learning [J]. IEEE Transactions on Image Processing, 2014, 23(12): 5057-5069.

[16] Daubechies I, Defrise M, De Mol C. An iterative thresholding algorithm for linear inverse problems with a sparsity constraint [J]. Communications on Pure and Applied Mathematics, 2004, 57(11): 1413–1457.

[17] Mallat S, Yu G. Super-resolution with sparse mixing estimators [J]. IEEE Transactions on Image Processing, 2010, 19(11): 2889-2900.

[18] Jenatton R, Audibert J Y, Bach F. Structured variable selection with sparsity-inducing norms [J]. Journal of Machine Learning Research, 2011, 12, 2777-2824.

[19] Zhang Y Q, Liu J Y, Yang W H, et al. Image super-resolution based on structure-modulated sparse representation [J]. IEEE Transactions on Image Processing, 2015, 24(9): 2797-2810.

[20] Buades A, Coll B, Morel J M. A review of image denoising algorithms, with a new one [J]. Siam Journal on Multiscale Modeling & Simulation, 2005, 4(2): 490-530.

[21] Dabov K, Foi A, Katkovnik V. Image denoising by sparse 3-D transform-domain collaborative filtering [J]. IEEE Transactions on Image Processing, 2007, 16(8): 2080-2095.

[22] Portilla J, Strela V, Wainwright M J, et al. Image denoising using scale mixtures of gaussians in the wavelet domain [J]. IEEE Transactions Image Processing, 2003, 12(11):1338–1351.

[23] Hou Y, Zhao C, Yang D. Comments on image denoising by sparse 3-D transform-domain collaborative filtering [J]. IEEE Transactions on Image Processing, 2011, 20(1):268-270.

[24] Katkovnik V, Foi A, Egiazarian K. From local kernel to nonlocal multiple-model image denoising [J]. International Journal of Computer Vision, 2010, 86(1):1-32.

[25] Bashar F, El-Sakka M R. BM3D image denoising using learning-based adaptive hard thresholding [C]// International Conference on Computer

Vision Theory and Applications, 2016:204-214.

[26] Chang S G, Yu B, Vetterli M. Adaptive wavelet thresholding for image denoising and compression [J]. IEEE Transactions on Image Processing, 2000, 9(9):1532.

[27] Choi H, Baraniuk R. Analysis of wavelet-domain wiener filters [C]// International Symposium on Time-Frequency and Time-Scale Analysis, 1998, 613-616.

[28] Guerrero-Colon J A, Portilla J. Two-level adaptive denoising using gaussian scale mixtures in over-complete oriented pyramids [C]// Proceedings of IEEE Internatioanl Conference Image Process, 2005, 105-108.

[29] Kervrann C, Boulanger J. Optimal spatial adaptation for patch based image denoising [J]. IEEE Transactions on Image Processing, 2006, 15(10): 2866-2878.

[30] Foi A, Katkovnik V, Egiazarian K. Pointwise shape-adaptive DCT for high quality denoising and deblocking of grayscale and color images [J]. IEEE Transactions on Image Processing, 2007, 16(5):1395-1411.

[31] Yu G, Sapiro G, Mallat S. Solving inverse problems with piecewise linear estimators: from gaussian mixture models to structured sparsity [J]. IEEE Transactions on Image Processing, 2012, 21(5): 2481-2499.

[32] Lathauwer L D. Signal processing based on multilinear algebra [D]. Katholike Universiteit Leuven, 1997.

[33] Tao D, Song M, Li X. Bayesian tensor approach for 3-D face modeling [J]. IEEE Transactions on Circuits and Systems for Video Technology, 2008, 18(10): 1397-1410.

[34] Viroli C. Finite mixtures of matrix normal distributions for classifying three-way data [J]. Statistics and Computing, 2011, 21(4): 511–522.

[35] Tõnu K, Rosen V. Advance multivariate statistics with matrices[M]. Springer, Aug 5, 2005.

[36] Dutilleul P. The MLE algorithm for the matrix normal distribution [J]. Journal of Statistical Computation and Simulation, 1999, 64 (2): 105-123.

[37] Gottfridsson A. Likelihood ratio tests of separable or double separable covariance structure and the empirical null distribution [D]. Linköpings universitet, Matematiska institutionen, 2011.

[38] Martin D, Fowlkes C, Tal D, et al. A database of human segmented natural images and its application to evaluating segmentation algorithms and measuring ecological statistics [C]//Proceedings of IEEE International Conference on Computer Vision, 2001, 2, 416-423.

[39] Zhou M, Chen H, Paisley J, et al. Nonparametric bayesian dictionary learning for analysis of noisy and incomplete images [J]. IEEE Transactions on Image Processing, 2012, 21(1): 130-144.

第 12 章　稀疏表示与深度学习

2006 年，加拿大多伦多大学教授、机器学习领域的泰斗 Geoffrey Hinton 在 *Nature* 上发表名为 *Reducing the dimensionality of data with neural networks* 的文章，掀起了深度学习在学术界和工业界的热潮。深度学习属于机器学习领域的研究方法，且在近几年成为科学研究中越来越重要的技术。深度学习从提出到发展的十余年中，已经在图像分类、语音识别和文本理解等众多领域中表现出良好的应用效果。

深度学习并不是某个具体的算法，而是采用“深度”学习思想的一系列算法的统称。目前，基于深度学习的算法都源于对人工神经网络的研究，其主要目的是构建和模仿人脑对客观事物进行学习的机理。深度学习的本质是通过建立有深层次的人工神经网络模型和大规模的数据训练，完成无监督的特征学习的。这样的设计减少了人工干预，增强了对数据的抽象表达能力，达到特征逐层抽象的目的，最终的结果是图像分类等的准确性提升。随着计算机科学的发展和大数据时代的到来，各种海量数据资源都为深度学习的研究工作提供了优异的环境和发展机遇。

12.1　基于深度神经网络的特征学习

传统的图像特征根据理解层次的不同，可大致分为底层特征、中层特征和高层特征三个层次。其中底层特征包括纹理信息、颜色信息和形状信息等。底层特征表示方法通常是对图像信号的原始像素值进行分析和统计来得到图像特征的，例如尺度不变特征变换（Scale-Invariant Feature Transform，SIFT）算法，保证了特征表示的不变性和可区分性。尽管 SIFT 算法提取到的特征对尺度、旋转及一定视角和光照变化等图像变化都保持其不变性，且具有很强的可区分性，但它仍然是一种底层特征表示方法，其结果与抽象的高层语义特征之间仍然存在巨大的“语义鸿沟”。中层特征是建立在底层特征基础上的中间语义特征。为了从原始像素中得到更具有抽象意义的特征表示，于是，在底层特征表示的基础上，经过不同的特征变换准确构建图像整体描述的方法被提出。其中，Lazebnik[1]提出的空间金字塔匹配（Spatial Pyramid Matching，SPM）特征表示方法就是基于图像底层特征构建图像特征描述的代表之一。该方法是在 SIFT 特征描述子的基础上，利用词袋模型所构建的。高层特征是按照人类的认知方式来认识图像的高层语义信息，包括情感语义、行为语义和场景语义等包含图像内容的语义信息。

虽然不断发展的传统图像特征表示方法在一定程度上提高了图像分类的准确性，但仍然是对图像信息中底层特征的描述，直到深度神经网络的提出，才产生了对更高层抽象特征表示的新方法。

在特征学习领域，Hinton 和 Salakhutdinov 于 2006 年发表在 *Nature* 上的研究成果可以被视为该领域乃至整个机器学习领域的一次重大突破[2]。他们受到认知神经科学中人类视觉系统分层信息处理机制的启发，提出了一种基于自编码器（Auto Encoder）的深度神经网络，通过逐层贪婪地预训练（Pre-training）和微调（Fine Tuning）得到一个多隐层的深度模型，在不同的隐层内学习数据不同抽象程度的表示，取得了明显优于传统特征表示方法的效果。文中主要提出了两个观点：一是相对于单隐层的人工神经网络，多隐层结构具有非常好的特征学习能力，对数据有更本质更抽象的刻画，学习得到的特征更有利于图像的可视化或分类；二是可以通过“逐层初始化”的方法对深度神经网络进行良好的训练。Hinton 和 Salakhutdinov 的论文引发了近年来深度学习的研究热潮。深度学习[3-6]旨在建立一种类似于人脑信息处理机制的多层神经网络，通过逐层组合低层特征来获得更抽象的高层特征表达，以发现复杂数据内在的、本质的特征表示，目前已成为特征学习领域的主流方法，在图像视频识别[7]、语音识别[8]、自然语言处理[9]等领域取得了极大的成功。越来越多的研究表明，与传统的浅层模型相比，深度模型具有更加强大的学习能力。

自 2006 年以来，基于深度学习理论的研究在学术界持续升温。自编码器（Auto Encoder）模型[2]、深度信念网络（Deep Belief Networks，DBNs）[10]、卷积神经网络（Convolutional Neural Network，CNN）[11]相继被提出。十余年来，虽然对深度神经网络的理论证明仍然在起步阶段，但其在实际的应用中已经展现出了很大的优势。Dong[12]通过采用深度神经网络降低了语音识别 20%～30%的错误率，这个成果是语音识别领域近年来的巨大突破；Hinton 教授及他的学生采用卷积神经网络在 ImageNet 比赛中取得了冠军，把 Top5 错误率降到了 15.315%，优于第二名利用传统手工设计特征的方法 11%以上。

目前的深度神经网络与传统模式识别方法最大的不同在于它所采用的特征是从大数据中采用无监督的方式自动学习得到的，而非采用人工设计。深度学习理论通过分析和学习底层特征从而形成更加抽象的高层特征，用以构建数据的深层次特征表示。每一层特征都是前一层特征的线性组合，越高层次的特征表示就越抽象。在底层特征表示中，不同类别学习到的特征基本都是图像中的边缘信息。在中层特征表示中，利用底层特征的线性组合得到了图像的局部信息表示；在更高层次的特征表示中，可以直接学习到对图像内容的抽象描述。这种强大的学习能力和高效的特征表示能力正是分类系统中希望得到的结果，也因此开启了无监督特征学习的新篇章。

12.2　自编码器

自编码器（Auto Encoder），也称为自编码神经网络，本质是一个三层的前馈神经网络，其结构如图 12-1 所示。

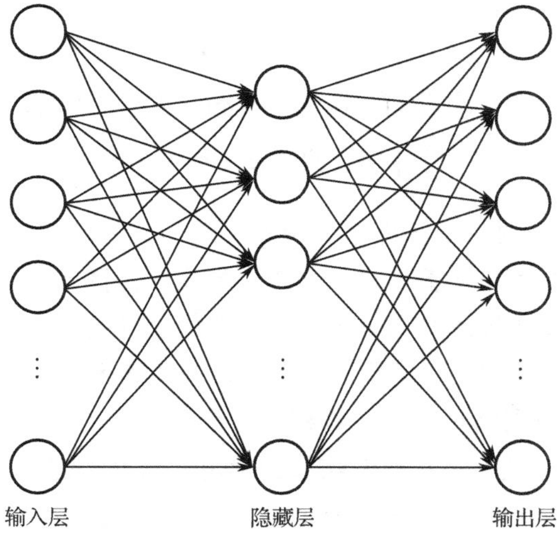

图 12-1　自编码器结构图

之所以称之为自编码，是因为通过人为设定使网络的目标值等于输入值，可以让网络逼近一个输入与输出相等的函数，达到尽可能复现输入信号的目的，而网络的隐藏层可以看作对输入信号的一种编码方式。从输入层到隐藏层之间的连接线称为编码器（Encoder），从隐藏层到输出层的连接线称为解码器（Decoder）。隐藏层的编码即是对输入信号深层特征的一种表示结果。如果隐藏层的神经元个数小于输入层的神经元个数，自编码神经网络就相当于学习到一种对输入信号的压缩表示；反之，则相当于将输入信号从原始特征空间映射到更高维的特征空间。进一步继续将前一层的编码结果作为下一层网络的输入，即构造了一个堆叠的自编码深度网络模型。

具体地，自编码器由编码器和解码器构成，编码器将输入向量 $\boldsymbol{x}$ 编码为隐藏层特征向量 $\boldsymbol{h}$，通过线性映射和非线性激活函数实现：

$$\boldsymbol{h}=\varphi(\boldsymbol{x},\Theta)=f(\boldsymbol{W}_{\mathrm{e}}\boldsymbol{x}+\boldsymbol{\theta}) \tag{12-1}$$

其中 $\Theta=\{\boldsymbol{W}_{\mathrm{e}},\boldsymbol{\theta}\}$ 为编码器的参数集，包括连接权重矩阵 $\boldsymbol{W}_{\mathrm{e}}$ 和偏置 $\boldsymbol{\theta}$，$f(\cdot)$ 为隐藏层神经元的激活函数，通常为线性或非线性的分段连续函数。

解码器将隐藏层特征向量 $\boldsymbol{h}$ 重构为输出空间的向量 $\boldsymbol{z}$：

$$\boldsymbol{z}=\phi(\boldsymbol{h},\Theta')=f'(\boldsymbol{W}_{\mathrm{d}}\boldsymbol{h}+\boldsymbol{\theta}') \tag{12-2}$$

$\Theta'=\{\boldsymbol{W}_{\mathrm{d}},\boldsymbol{\theta}'\}$ 为解码器的参数集，包括连接权重矩阵 $\boldsymbol{W}_{\mathrm{d}}$ 和偏置 $\boldsymbol{\theta}'$，$f'(\cdot)$ 为输出层神经元的激活函数。

训练自编码器的过程就是优化输入信号重构误差（损失）函数的过程，可以形式化为如下损失函数：

$$E=-\ln P(\boldsymbol{x}|\boldsymbol{h}) \tag{12-3}$$

如果误差服从高斯分布，则以如下误差平方和作为损失函数：

$$E=\sum_{i=1}^{N}\|(\boldsymbol{W}_{\mathrm{d}}(f(\boldsymbol{W}_{\mathrm{e}}\boldsymbol{x}^i+\boldsymbol{\theta}))+\boldsymbol{\theta}')-\boldsymbol{x}^i\|_2^2 \tag{12-4}$$

其中，$\boldsymbol{x}^i$ 表示第 i 个样本，N 表示样本总数。对于式（12-4）的优化，在目前的实际应用中一般使用梯度下降算法进行训练，如反向传播（Back Propagation，BP）算法。这类算法需要对训练数据集进行多次迭代以得到最优解，当数据量较大时，训练过程非常耗时。所以，很多研究人员开始关注提高神经网络学习效率的问题。

在目前的自编码网络模型中，隐藏层神经元的设计一直是个难题。神经元的个数及神经元之间的关系是直接影响特征学习效果的关键，并且模型的学习效率问题也是难点，传统的基于梯度下降的学习算法不可避免地要遇到训练耗时长、调节参数多的问题，这些都需要进一步深入的研究。

12.3 稀疏自编码器

神经生物学家研究发现，人类视觉系统主视皮层 V1 区神经元的感受野对于视觉感知采取稀疏表示的策略。为了模拟人类视觉系统的这种能力，通过对隐藏层神经元加入稀疏性约束，稀疏自编码神经网络被提出，以达到模拟人类视神经稀疏编码的目的。2007 年，Andrew[13]首次提出了稀疏自编码器（Sparse Auto Encoder，SAE）的概念，即在自编码器的基础上，对隐藏层神经元加上稀疏性约束。具体地，当隐藏层神经元输出范围为[0,1]时，稀疏性约束可以被简单地解释：当神经元的输出接近 1 时认为它被激活，而当输出接近 0 时认为它被抑制，则使得神经元大部分的时间都是被抑制的约束被称作稀疏性约束。我们使用 $y_j(\boldsymbol{x}^i)$来表示在给定输入为 $\boldsymbol{x}^i$ 的情况下，自编码神经网络隐藏层神经元 j 的激活度，并将隐藏层神经元 j 的平均激活度（在训练集上取平均）记为

$$\hat{\rho}_j = \frac{1}{N}\sum_{i=1}^{N} y_j(\boldsymbol{x}^i) \tag{12-5}$$

稀疏性约束可以理解为使隐藏层神经元的平均激活度特别小。为了实现这一限制，需要在原始的自编码神经网络优化目标函数中加入稀疏性约束这一项，作为一项额外的惩罚因子，通常可以选择具有如下形式的稀疏性惩罚因子：

$$E_{\mathrm{c}} = \sum_{j=1}^{p} D_{\mathrm{KL}}(\rho \,\|\, \hat{\rho}_j) = \sum_{j=1}^{p}\left[\rho \ln\frac{\rho}{\hat{\rho}_j} + (1-\rho)\ln\frac{1-\rho}{1-\hat{\rho}_j}\right] \tag{12-6}$$

式中，p 表示隐藏层神经元的总数，ρ 表示稀疏性参数，通常设 ρ 为接近于 0 的较小的值（如 0.05）。因此，稀疏自编码器总的损失函数可以表示为

$$E_{\mathrm{SAE}} = E_{\mathrm{AE}} + \beta E_{\mathrm{c}} = \frac{1}{2N}\sum_{i=1}^{N} \|\boldsymbol{x}^i - \boldsymbol{W}_{\mathrm{d}}(f(\boldsymbol{W}_{\mathrm{e}}\boldsymbol{x}^i))\|_2^2 + \beta\sum_{j=1}^{p} D_{\mathrm{KL}}(\rho \,\|\, \hat{\rho}_j) \tag{12-7}$$

式中 β 是控制稀疏性惩罚因子的权重。如果令 $\rho=0$，则有

$$E_{\mathrm{SAE}} = E_{\mathrm{AE}} - \beta\sum_{j=1}^{p}\ln(1-\hat{\rho}_j) \tag{12-8}$$

当 $\hat{\rho}_j$ 值很小时，稀疏惩罚项中的 $\ln(\cdot)$函数可以近似表示为 $\ln(1-\hat{\rho}_j) \approx -\hat{\rho}_j$。则式（12-8）可以写为

$$E_{\mathrm{SAE}} = E_{\mathrm{AE}} + \beta\sum_{j=1}^{p}\hat{\rho}_j = E_{\mathrm{AE}} + \frac{\beta}{N}\sum_{i=1}^{N}\sum_{j=1}^{p} y_j(\boldsymbol{x}^i) \tag{12-9}$$

如果限定隐藏层神经元输出是非负的，则式（12-9）与稀疏表示的形式类似。因此在采用 sigmoid 或输出在[0, 1]范围内的激活函数时，总的损失函数里的稀疏惩罚项可以使其学习到数据里的稀疏表示，这等价于要求隐藏层输出向量 $\boldsymbol{h}$ 是稀疏的。

为了减少自编码神经网络的过拟合问题以及提高其泛化能力，除了前面介绍的稀疏自编码器之外，其他改进的自编码神经网络被相继提出，包括抗噪自编码器（Denoising Auto Encoder）[14]、压缩自编码器（Contractive Auto Encoder）[15]等。实际上，通过向自编码神经网络模型中引入不同的约束条件，可以得到不同变种的模型。为了在无监督的自编码神经网络中加入有标签的样本数据集，文献[16]还提出了组稀疏的自编码器，即利用输入数据的标签信息，对编码权重进行组稀疏的约束。

12.4 深度字典学习方法

深度字典学习是将字典学习与深度学习相结合，通过多层的矩阵分解思想来得到不同程度表示能力的字典的，也可理解为多层的字典学习方法，目的是为了得到更抽象的用于表示样本特征的原子。深度字典学习方法在传统的浅层字典学习方法的基础上，将前一层得到的编码结果作为下一层字典学习的输入，重复进行即得到了多个具有不同等级描述能力的字典。基本思想如图 12-2 所示。其中，矩阵 $\boldsymbol{Y}$ 是已知的原始样本，利用传统的字典学习方法得到第一层的字典 $\boldsymbol{D}_1$ 及样本 $\boldsymbol{Y}$ 在字典 $\boldsymbol{D}_1$ 上的稀疏表示结果 $\boldsymbol{X}_1$；得到的表示结果 $\boldsymbol{X}_1$ 作为第二层字典学习的输入样本，得到第二层的字典 $\boldsymbol{D}_2$ 和表示结果 $\boldsymbol{X}_2$；以此类推，直到得到第 n 层的字典 $\boldsymbol{D}_{n+1}$。每一层得到的字典都是对前一层样本表示结果的进一步抽象，经过多层的深度学习，可以学习到更加具有抽象表示能力的字典。

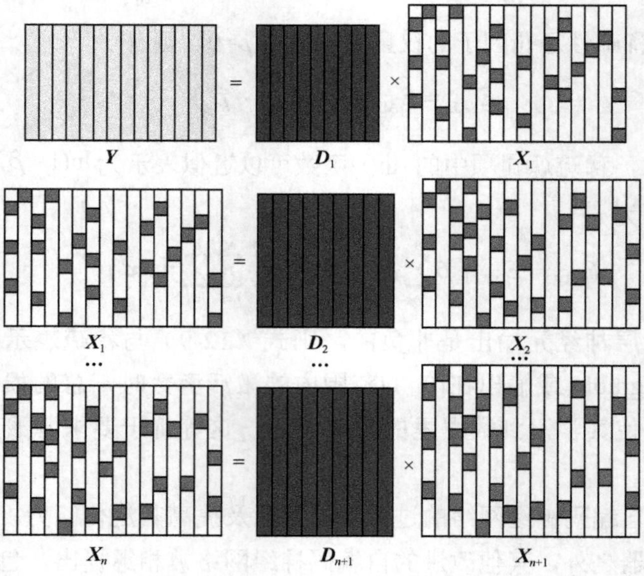

图 12-2　深度字典学习基本思想示意

12.5 本章小结

本章主要介绍了稀疏表示理论与深度神经网络之间的融合方法，通过深度神经网络在图像处理上的成功应用，可以将基于深度神经网络的特征提取方法用于稀疏表示分类模型中，以得到表示能力和抽象能力更强的字典原子。此外，通过对经典的自编码神经网络增加稀疏性约束的稀疏自编码器，可以得到更加符合人类视觉神经元的表示方法。通过本章的介绍我们可以发现将稀疏表示理论与深度神经网络相结合仍然需要进一步的深入研究。

参考文献

[1] Lazebnik S, Schmid C, Ponce J. Beyond bags of features: spatial pyramid matching for recognizing natural scene categories[C]// Proceedings of IEEE Conference on Computer Vision and Pattern Recognition, 2006, 2:2169-2178.

[2] Hinton G, Salakhutdinov R. Reducing the dimensionality of data with neural networks[J]. Science, 2006, 313(5786):504–507.

[3] Bengio Y. Learning deep architectures for AI [M]//Foundations and trends in Machine Learning, 2009, 2(1): 1-127.

[4] 余凯, 贾磊, 陈雨强. 深度学习的昨天、今天和明天 [J]. 计算机研究与发展, 2013, 50(9): 1799-1804.

[5] Lecun Y, Bengio Y, Hinton G. Deep learning [J]. Nature, 2015, 521(7553): 436-444.

[6] Schmidhuber J. Deep learning in neural networks: An overview [J]. Neural networks, 2015, 61: 85-117.

[7] He K, Zhang X, Ren S. Deep residual learning for image recognition [C]// Proceedings of IEEE Conference on Computer Vision and Pattern Recognition, 2016, 770-778.

[8] Graves A, Mohamed A R, Hinton G. Speech recognition with deep recurrent neural networks [C]// Proceedings of IEEE International Conference on Acoustics, Speech and Signal Processing, 2013, 6645-6649.

[9] Le Q, Mikolov T. Distributed representations of sentences and documents [C]// Proceedings of International Conference on Machine Learning, 2014, 1188-1196.

[10] Bengio Y, Lamblin P, Popovici D, et al. Greedy layer-wise training of deep networks[C]// Advances in Neural Information Processing Systems, 2007, 153-160.

[11] Krizhevsky A, Sutskever I, Hinton G. ImageNet classification with deep convolutional neural networks [C]//Advances in Neural Information Processing Systems, 2015, 25:2012.

[12] Dong Y, Li D. Deep convex net: a scalable architecture for speech pattern classification interspeech [C]// Proceedings of Conference of the International Speech Communication Association, 2011, 13(1):2285-2288.

[13] Bengio Y, Lamblin P, Popovici D. Greedy layer-wise training of deep networks[C]// Advances in neural information processing systems, 2007, 153-160.

[14] Lee H,Ekanadham C,Ng A Y.Sparse deep belief net model for visual area V2[C]// Advances in Neural Information Processing Systems 20: Proceedings of the Twenty-First Annual Conference on Neural Information Processing Systems,873-880,2007.

[15] Rifai S, Vincent P, Muller X, et al. Contractive autoencoders: explicit invariance during feature extraction [C]//Proceedings of the International Conference on Machine Learning, 2011, 833-840.

[16] Sankaran A, Vatsa M, Singh R, et al. Group sparse autoencoder[J]. Image & Vision Comouting, 2017(60): 64-74.

反侵权盗版声明

举报电话：（010）88254396；（010）88258888

传　　真：（010）88254397

E-mail：　dbqq@phei.com.cn

通信地址：北京市海淀区万寿路 173 信箱

　　　　　电子工业出版社总编办公室

邮　　编：100036